クラウドデータレイク
無限の可能性があるデータを
無駄なく活かすアーキテクチャ設計ガイド

Rukmani Gopalan　著

丸本 健二郎　監訳

長尾 高弘　訳

The Cloud Data Lake

A Guide to Building Robust Cloud Data Architecture

Rukmani Gopalan

Beijing · Boston · Farnham · Sebastopol · Tokyo

推薦の言葉

Rukmani は、ビジネス/IT コミュニティにデータとアナリティクスの最新テクノロジーに関する目配りの効いた偏りのないガイドブックを与えてくれました。彼女が基本原則を明らかにしてくれたので、データレイクが自社にとって意味があるかどうかを判断しなければならない経営者には大きな力になります。

—— Gordon Wong（Wong Decisions 創業者）

新しいクラウドデータレイクアーキテクチャを知りたいクラウドソリューションアーキテクトに本書をぜひお勧めしたいと思います。

—— Chidamber Kulkarni（Intel クラウドソリューションアーキテクト）

ほとんど無限大の安価なストレージと絶大な演算パワーを備えたクラウド時代に入り、企業はクラウドへの移行を急いでいます。サクセスストーリーをつかむためには、決裁者がデータレイクとは何かを理解できていなければなりません。いつどこでなぜ必要なのか、どの部分を調整できるのか、長所と短所はどこか。本書はこれらの疑問に答えてくれます。

本書はデータ処理のために使えるテーブル形式、クラウド製品、フレームワークとこれらからニーズに合ったハイパフォーマンスソリューションを組み立てる方法を詳しく説明してくれます。Rukmani が本書で提示している意思決定フレームワークは、どのタイプのデータレイクを選ぶべきかについてのインフォームドディシジョンの力になるでしょう。

本書はビッグデータに関わるすべての人の必読書です。

—— Andrei Ionescu（Adobe 上級ソフトウェアエンジニア）

データアナリティクスのワークロードがクラウドに移ってきたことにともない、トレードオフを適切に判断してさまざまなユースケースに対応できるデータインフラを構築、サポートするためにはアーキテクチャの全体的な理解が欠かせません。本書のおかげで、私はクラウドでデータワークロードをサポートするために絶対不可欠な本質的な理解を育むことができました。

—— Prasanna Sundararajan（Microsoft Azure 主席ソフトウェアアーキテクト）

監訳者まえがき

　昔を振り返れば、企業はデータの膨大な増加に直面し、インフラ部門からは常に不要なデータの削除を求められていました。どのデータを保持すべきかの決定は、組織内の重要な情報の見落としや、知識の損失に直結するリスクをともない、経営層にとっては頭の痛い問題でした。しかし、クラウドデータレイクの出現により、私たちはデータ管理の新たな時代へと足を踏み入れました。

　近年、「データは現代の新たな石油」と称されるようになりました。この比喩は、データが持つ膨大な価値とポテンシャルを指し、石油が20世紀の産業を変革したように、データが21世紀のビジネス、科学、そして日常生活を根底から変える力を持っていることを意味します。ただし、石油が精製され、適切に使われなければその価値を発揮できないように、データもまた、適切に管理、分析されなければその真の価値を解き放つことはできません。

　クラウドというビッグウェーブは、データを保存、処理、分析する方法に革命をもたらしました。クラウドデータレイクは、膨大な量の構造化されていないデータを格納し、必要に応じて迅速にアクセスし分析する能力を提供することで、データの真の価値を引き出す重要な手段となりました。

　本書では、クラウドデータレイクの概念から始まり、その設計、構築、そして運用に至るまで、実践的なガイダンスを提供します。データレイクの導入は、データ主導の意思決定を支援し、組織のアジリティを高めるための鍵です。クラウド上でのデータレイク構築は、柔軟性、スケーラビリティ、コスト効率の面で特に魅力的な選択肢を提供しますが、その可能性を最大限に活かすには、深い知識と戦略的なアプローチが必要です。AWS、Azure、Google Cloud Platformといった主要なクラウドプロバイダを例に、クラウドデータレイクの設計から運用までの全過程を解説します。本書はデータエンジニア、アーキテクト、データを扱うすべてのプロフェッショナルを対

象とし、この複雑なテーマをわかりやすく解きほぐし、実用的な知識を提供します。

　読者は、クラウドデータレイクの基本からセキュリティ、ガバナンス、データ統合と分析に至るまで、幅広いトピックを学びます。また、実世界のケーススタディを通じて、理論を実践に活かす方法も学べます。これらの事例は、異なる業界でクラウドデータレイクを成功させた方法を示し、理解を深めるのに役立ちます。

　この本が、クラウドデータレイクの構築と運用において成功への道を照らす確かなガイドになることを願っています。あなたがこの知識を活用して、組織内でのデータの活用方法を革新し、新たな価値を創出するきっかけになれば幸いです。

　最後に、本書の査読にご協力いただいた吉江 瞬さんにこの場を借りてお礼申し上げます。

丸本 健二郎

はじめに

　朝6時です。あなたはスマホに優しく起こされて、自動的に表示される通知を見ます。牛乳が残りわずかだということをスマート冷蔵庫が把握していて、注文のフォームを表示するので、これを注文します。エクササイズマシンに乗ると、あなたが指定したワークアウトルーチンに基づいてパーソナライズされた選択肢が表示されます。出かける準備が整ったところで朝食を食べますが、時計はいちいち見ません。あなたの通勤のパターンと渋滞のパターンを学習したスマホがいつ出発すべきかを教えてくれるのです。ほんの数十年前にはSFの中だけの話だったものが、今の日常になっています。こうしたことが可能になったのは、誰でもコンピューティングを利用できるようにしたデバイス、これらのデバイスにインターネットの知識を与えて世界を小さくしたネットワーキング、デバイスがパターンを学習して判断を下せるようにした新技術（データ、人工知能、機械学習）という3つの重要分野でテクノロジーが大幅に進歩したからです。データは今や世界を動かす心臓であり、企業はビジネスを活性化、トランスフォームするためにデータへの依存度を高めてきています。

　ここで思い出すのは2013年のことです。この年、私はMicrosoft OfficeのID管理、パーソナライズ機能の担当となり、私自身のデータ体験をスタートさせたのです。私にとってこの年はすばらしい学びの年でした。Direct-to-Consumer（ダイレクトトゥコンシューマー、D2C、消費者直結）とEnterprise-Ready（エンタープライズレディ）のニュアンスの違いを含め、クラウドアプリケーション開発の意味を知りました。しかし、何よりも興奮したのは、クラウドサービスが顧客体験に直結していることでした。パッケージされた製品（つまり、CDやDVDという形で販売される製品）を販売し、顧客がそれを自分のデバイスにインストールしていた頃、顧客体験を知る方法といえば、匿名化された遠隔測定データを見るか、ユーザーリサーチチームやフォーカスグループを編成するか、顧客のもとで問題が起きたときのサポートケースを読む

かしかありませんでした。製品利用について私たちが得られるインサイトの多くは、私たちに訴えようと思った顧客からのデータがもとになっていましたが、そのような顧客は全体の中のごく少数の割合です。しかし、私が作ったクラウドサービスでは、リアルタイムで顧客のことを知ることができました。サービスを細かくチューニングしたり、ユーザーごとにパーソナライズされた体験を届けたりするためにそれが役立ちました。顧客の生産性をさらに上げるために役立つものは何かを知るために、同じ機能のさまざまなバリエーションを顧客とともに実験できました。私はそれ以来ずっとさまざまなプラットフォームやクラウドサービスの仕事をしてきました。そして、データがビジネスを活性化、トランスフォーメーションするためにきわめて重要な意味を持つ（特にクラウドの弾力性によって強化されたときに）ことを学んだのです。

本書を書いた理由

　私はさまざまな業種（ほんの一例を挙げれば、医療、消費財、小売、製造など）の数百もの企業に関わり、クラウド上でビッグデータアナリティクスを実施したい彼らのニーズを助けてきました。また、コスト管理改善と機械学習分野の新しいテクノロジーの利用のために、オンプレミスシステムで行われていた自社のアナリティクスワークロードをクラウドに移植する作業にも携わってきました。当然ながら、顧客たちはさまざまな動機や問題を抱えて私のもとにやってきますが、彼らを結ぶ共通の糸があります。それは、データから価値を引き出したいという強い希望です。5年前に私からビッグデータアナリティクスの基礎を教わっていた同じ顧客が、今は非常に成熟したデータレイク実装を持っており、そこで以前よりも多くのビジネスクリティカルなワークロードを実行しています。こういった顧客たちと対話していると、いくつかの重要な質問に行き当たります。それは煎じ詰めると、データレイク実装のセットアップ、整理、セキュリティ、最適化にまつわるものです。うまく作業を進めればこれらの問題はデータレイクアーキテクチャ自体に焼き込まれますが、問題が起きてアーキテクチャや設計をやり直さなければならなくなるとこれらのテーマが話題に上ります。

　クラウドデータレイクは無限の可能性を約束しますが、その反面、クラウドデータレイクアプリケーションの構築、運用をめぐる複雑さを理解、処理できなければその約束は果たされません。時間とともにこのプロセスは業界によって単純化されていくと私は思っていますが、クラウドデータレイクソリューションの概念を基礎からしっかりと理解すれば、時の試練に耐えられるしっかりとしたデータレイクアーキテク

チャを構築する上で大きな意味があるとも思うのです。顧客、パートナー、チームが
この基礎を理解するのを手助けし、彼らがチームや会社のトランスフォーメーション
を呼び起こすインサイトをつかむ力を持つようになるのを見ると、私はとてもうれし
くなります。

　本書では、今までのこうしたやり取りを濃縮し、学んできた教訓を有機的に結びつ
けて、ビジネスを充実、変身させるスケーラブルなクラウドデータレイクアーキテク
チャを設計するために役立つアプローチを示したいと思っています。

対象読者

　本書はクラウドデータレイクのセットアップ、運用のさまざまな側面について広く
理解を深めたいと思っているデータアーキテクト、データデザイナー、データ運用の
プロフェッショナルを主な対象として書かれています。本書を通読すれば、次の知識
が身につくはずです。

- 会社がクラウドベースのビッグデータ戦略から得るメリット
- モダンデータウェアハウス、データレイクハウス、データメッシュというデー
  タレイクの主要なアーキテクチャと設計
- パフォーマンスが高くスケーラブルなデータレイクを設計するための指針とベ
  ストプラクティス
- データガバナンスの原則、戦略、設計の選択肢についての知識

　私が思っているのは、クラウドデータレイクの世界に初めて踏み込もうとしている
か現在の実装をモダナイズしようとしているかにかかわらず、あなたが十分な知識を
身につけた上でクラウドプロバイダや社内のエンジニアリングチームと対話できるよ
うにしたいということです。そして、あなたがこの技術投資のプランを練り、時間、
労力、資金面の予算を組めるようにしたいということです。ビッグデータアナリティ
クスは、開発、テクノロジー、パラダイムが瞬時に変化していく分野の1つです。こ
れはこのテクノロジーが今豊富な可能性を秘めているということだと思います。本書
では、特定のテクノロジーに偏らず中立を保つことを心がけていますので、これから
新しいテクノロジーが出現しても、本書で学んだ基礎はそれを含むあらゆる選択肢に
応用できるはずです。

クロダースコーポレーションの紹介

　本書では、私たちの大半がうんうんとうなずけるようなビジネス問題を使ってクラウドデータレイクのコンセプトを説明するために、クロダースコーポレーションという架空の企業を登場させています。

　クロダースコーポレーションは、ワシントン州シアトルに本社を置き、傘と雨具を製造販売しています（例としてあまりにもありふれているでしょうか？）。クロダースはウェブサイトで商品を販売するほか、シアトル地域の小売店に自社製品を卸販売する営業チームを抱えています。クロダースには、小規模なソフトウェア開発チームもあり、在庫と売上を管理するアプリケーションを開発、メンテナンスするとともに、運用データベースとして社内サーバーでSQLサーバーを実行しています。顧客のプロフィールや顧客とのやり取りを管理するために、Salesforceも使っています。

　クロダースコーポレーションは、雨具の品質の高さと優れた営業チャネルのおかげでワシントン州を越えて隣接するオレゴン、アイダホ州まで市場を急速に広げています。クロダースのD2Cビジネスはウェブサイトから始まり、販促チームはソーシャルメディアですばらしいキャンペーンを展開しています。クロダースは、顧客の需要に基づき、冬季製品の販売に事業を拡張したいとも考えており、冬季製品を販売している他社の買収を計画しています。これは会社にとって大きなニュースですが、データベーステクノロジーのスケーラビリティが新たなニーズについていけないという問題があり、クラウドへの移行を検討するきっかけとなっています。

本書の概要

　本書は完全な理解のために最初から最後まで通読することをお勧めしますが、各章は独立しており、知りたいことが何かによっては特定の章だけを選ぶという読み方もあり得ます。最初から読まなくても、特定のテーマについて学ぶために本書の任意の部分に戻ってくることもできます。

- **1章**を通読すると、**クラウドデータレイク**とは何か、どのようなメリットがあるかが理解できます。クラウドへの移行とは、すぐにリフトアンドシフトに取りかかるというようなものではなく、設計上のさまざまなポイントをじっくりと考え、情報に基づいて選択することだということも理解できます。
- **2章**では、さまざまなデータレイクアーキテクチャを取り上げ、それぞれの特

徴とメリット・デメリットを明確にします。通読すると、**1章**で学んだ基礎の上にクラウドアーキテクチャが解決するシナリオは何か、企業がクラウドアーキテクチャを活用する具体例としてどのようなものがあるかがわかります。

- **3章**では、データレイクの根幹をなすデータ層の詳細に深く掘り下げ、データレイク内でのデータ設計、整理、そして管理の各面について詳しく説明します。クラウドデータレイクのアーキテクチャが成功するか否かは、あらゆるシナリオを支える堅牢なデータ層の設計にかかっています。ただ目先のニーズを満たすだけではなく、ビジネスの成長に合わせてスケールできるデータレイクを設計することが重要です。そのため、この章を慎重に読み進めることを強く推奨します。

- **4章**では、スケーラブルなデータレイクを設計するために考えるべきさまざまなことについて説明します。また、データストレージとデータパイプラインを構築するときに頭に入れておきたいベストプラクティスも紹介します。

- **5章**、**6章**は、目標のパフォーマンスを引き出すためのクラウドデータレイクのチューニングとパフォーマンスを引き上げるために特に重要な意味を持つデータ形式について説明します。

- **7章**では、それまでの章で学んだことに基づき、適切なデータレイクアーキテクチャを選択するための意思決定フレームワークを示します。すぐに参照できるチェックリストも含まれています。

- **8章**では、本書のそれまでの部分でまだ答えられていない疑問にまとめて答えます。すでに触れたように、データレイクコミュニティは日々の学習に基づいて急速に成長し、イノベーションを起こしています。あなたにも自分のアイデアを提出してこれらのイノベーションに影響を与えるチャンスがあります。それまでは、完璧を求めるのではなく、進歩、発展に力を注ぎましょう。このような進歩、発展の道のりから生まれてくるものだけでも十分な価値があります。

本書を通読すれば、クラウドデータレイクを構築するために必要なすべての基礎知識を理解でき、その理解をさまざまなことに応用できます。たとえば次のようなことです。

- 本書が示す設計の選択肢を使って、組織やビジネスの成長とともにスケーリングするデータ戦略を構築する。

- リーンなデータプラットフォームチームがしっかりとしたデータ戦略に基づいて重要なビジネストランスフォーメーションを主導できることを重役陣に示す。
- スケーラブルなデータインフラストラクチャにより、会社が重要なビジネス問題に集中できるようにする。
- クラウドの高度なアナリティクスツールを使ってデータからより多くの価値を引き出す。

表記上のルール

本書は次のような表記上のルールに従っています。

太字（**Bold**）
新しい用語や強調を示します。

等幅（`Constant Width`）
プログラムのリスト、本文中の変数/関数名、データベース、データ型、環境変数、文、キーワードなどのプログラム要素を示します。

ヒントや提案を示します。

一般的な補足事項を示します。

オライリー学習プラットフォーム

　オライリーはフォーチュン100のうち60社以上から信頼されており、オライリー学習プラットフォームには6万冊以上の書籍と3万時間以上の動画が用意されています。さらに、業界エキスパートによるライブイベント、インタラクティブなシナリオとサンドボックスを使った実践的な学習、公式認定試験対策資料など、多様なコンテ

ンツを提供しています。

https://www.oreilly.co.jp/online-learning

また以下のページでは、オライリー学習プラットフォームに関するよくある質問と
その回答を紹介しています。

https://www.oreilly.co.jp/online-learning/learning-platform-faq.html

意見と質問

本書（日本語翻訳版）の内容については、最大限の努力をもって検証、確認してい
ますが、誤りや不正確な点、誤解や混乱を招くような表現、単純な誤植などに気づく
こともあるかもしれません。そうした場合、今後の版で改善できるようお知らせいた
だければ幸いです。将来の改訂に関する提案なども歓迎します。連絡先は次の通り
です。

株式会社オライリー・ジャパン
電子メール　japan@oreilly.co.jp

本書のウェブページには次のアドレスでアクセスできます。

https://www.oreilly.co.jp/books/9784814400676
https://oreil.ly/the-cloud-data-lake-1e（英語）

オライリーに関するそのほかの情報については、次のオライリーのウェブサイトを
参照してください。

https://www.oreilly.co.jp
https://www.oreilly.com（英語）

謝辞

私は本書を実現するために力を貸してくれた多くの人々に感謝しています。

まず何よりも、私がMicrosoftでMicrosoft Office、Azure HDInsight、Azure Data Lake Storage/Cosmosを担当していた時期に、私にデータ空間のことを教えてくれた人々、これらの製品を通じてさまざまな企業でトランスフォーメーションを呼ぶようなインサイトを生み出すお手伝いをしていたときに私のアプローチや勘を信じてくれた人々に深い感謝の気持ちを捧げたいと思います。ここに当てはまる人々の名前を挙げていくと、それだけで1冊の本になるほど多くの方々が含まれています。

それぞれデータレイクハウスとデータのオブザーバビリティ（可観測性）について目から鱗が落ちるような話をしてくれたDremioのTomer Shiran氏とMonte CarloのBarr Moses、Lior Gavish、Molly Vorwerckの各氏に感謝しています。おかげで本書にすばらしいコラムを加えることができました。

O'Reillyのチームは、自分の考えとアプローチを形にしてこの本に詰め込む作業をすばらしくサポートしてくれました。特定のテーマのまとめ方や内容の適切な詳細度のアドバイスということでも、たびたび襲われたインポスター症候群（自分に対する過度の過小評価）の症状の緩和ということでも大きな力になってくれたJill LeonardとAndy Kwanの両氏に感謝しています。

時間を割いて本書を通読し、非常に貴重なご指摘をいただいた査読者のみなさん、Shreya Pal、Andrei Ionescu、Alicia Moniz、Prasanna Sundararajan、Chidamber Kulkarni、Gordon Wong、Gareth Eager、Vinoth Chandar、Vini Jaiswalの各氏に感謝しています。みなさんのご指摘は読者が読んでいて感じることを理解するために本当に役に立ちましたし、それは生き方にとって貴重な教訓にもなりました。

最後に、家族たちへの感謝の気持ちは、言葉ではとても言い尽くせません。夫のSriram Govindarajan、子どものAnish Bharadwaj、Dhanya Bharadwajは、本書だけでなく生活のすべてにわたっていつも私を支え、ひらめきの源になってくれています。母のJanaki Gopalanと父のGopalan Krishnamachariはもうこの世にはいませんが、両親が教わった、一所懸命働き、自分に責任を持ち、惜しみなく与えるという価値観は一生変わることはないでしょう。

目　次

コラム目次

1章
現実のものとなった
ビッグデータ戦略

> ビッグデータがなければ、私たちは目が見えず耳も聞こえない状態で高速道路の
> 真ん中にいるようなものだ。
> —— ジェフリー・ムーア

　デジタルトランスフォーメーション（DX）、データ戦略、データレイク、データ
ウェアウェアハウス、データサイエンス、機械学習（ML）、人工知能（AI）といった
用語は大きな可能性を持っています。企業が成功するための鍵を握っているのはデー
タであり、データとAIに軸足を置いている企業は競合他社を大きく上回る業績を上
げているということは今や常識です。HDDのSeagateがスポンサーになったIDCの
ある研究（https://oreil.ly/J8fjX）によれば、キャプチャー、収集、複製されるデー
タ量は、2025年までに175ゼタバイト（ZB）になるといいます。このキャプチャー、
収集、複製されるデータを**グローバルデータスフィア**（Global DataSphere）と呼び
ます。データは3層のソースから得られます。

コア（中心）
　　データセンター（旧来のもの、クラウドベースのもの）

エッジ（周縁）
　　強化されたインフラ（携帯基地局など）

エンドポイント（端点）
　　PC、タブレット、スマートフォン、IoTデバイス

この研究は、2025年までに**グローバルデータスフィアの49％**がパブリッククラウ

ド環境に置かれることも予想しています。

　「このデータを格納するのはなぜなのだろうか。何のために役立つのか」と思った
ことがあるかもしれませんが、答えはきわめて単純です。このデータがパズルのピー
スのような単語のピースとして世界中のさまざまな言語でばらまかれ、それぞれが
断片的な情報を共有している様子を想像してみましょう。これらの断片的な情報を
意味を生み出すような形でつなぎ合わせれば、情報を伝えるだけでなく、ビジネスや
人はおろか、世界の動かし方まで変えるようなストーリーが生まれます。成功を収め
ている大半の企業は、事業の成長の原動力となるものや顧客が実際に感じる体験を
理解し、適切なアクションを起こすために、すでにデータを活用しています。顧客の
認知の獲得、顧客による商品の受け入れ、顧客の商品への積極的な関与、顧客の維持
という「ファネル」（漏斗）に注目することは、今や製品投入の共通認識になってい
ます。この種のデータ処理、データ分析は、**ビジネスインテリジェンス（Business
Intelligence、BI）** と呼ばれ、「オフラインインサイト」に分類されます。データとイ
ンサイトは、成長のトレンドを示し、ビジネスリーダーの行動を引き出すためには必
要不可欠です。しかし、このワークストリームは、企業自体の経営で使われるコアビ
ジネスロジックからは切り離されています。データプラットフォームの成熟度が上が
るにつれ、顧客企業からよく耳にするのは、「データは新しい石油である」という言
葉です。これに相応しく、多くの企業がデータレイクを用いてより多くの用途でデー
タを活用しようという要求が社内で生まれてきているということです。

　事業の成長の原動力となるものや顧客が実際に感じる体験を理解するためにデータ
を活用している企業は、次の段階では、サポートの改善と新しい取り組みによる顧客
体験の向上や企業目標の設定のためにデータを使えるようになります。そのような企
業は、成長のためのよりよい市場戦略の策定や、製品製造と組織運営のコストを引き
下げるための効率の向上にもデータを使えます。コーヒーショップを世界中に展開し
ているスターバックスは、継続的に事業の現状を計測、改善するために可能なあらゆ
る場所でデータを活用しています。このYouTube動画（https://oreil.ly/Rnkz6）で
説明されているように、スターバックスは顧客の利用パターンの理解を深めてター
ゲット化されたマーケティングキャンペーンを送るために、モバイルアプリケーショ
ンから送られてきたデータと発注システムのデータを相関させています。また、コー
ヒーマシンのセンサーを使って数秒ごとに健全性データを発信し、そのデータを分析
してメンテナンスの必要性の予測を向上させています。このコネクテッドコーヒーマ
シンは、人手を介在させずにレシピをダウンロードする機能も備えています。

　世界がCOVID-19パンデミックへの対処方法を学んでいた頃、企業は事業のトラン

スフォーメーションだけでなく、組織の健全性と生産性を計測し、従業員を孤立させ
ず、燃え尽きを防ぐためにもデータを活用していました。データは、遠く離れたアフ
リカのジャングルに住む野生動物の研究、保護のためにAIを活用するProject Zamba
(https://oreil.ly/emc3D) のような取り組みや、環境の持続可能性を推進する循環
経済を生み出すためのIoTとデータサイエンスの活用などでも重要な役割を果たして
います。

1.1　ビッグデータとは何か

これまでに示してきた事例はすべていくつかの共通点を持っています。

- どのシナリオも、データにはさまざまな活用の方法があることを示していま
  す。そして、データが生み出されたときには、活用パターンの明確なイメージ
  がなかったことも共通しています。これは、特定のビジネス問題の解決のため
  にデータが細かく設計、キュレーション（集計、編集）されている従来のオン
  ライントランザクション処理（OLTP）、オンライン分析処理（OLAP）システ
  ムとは異なります。
- あらゆる形式のデータが使われます。IoTセンサーが出力する数バイトの情
  報、ソーシャルメディアデータダンプ、LoB（ラインオブビジネス）システム
  やリレーショナルデータベースから得られたファイルはもちろん、音声/動画
  コンテンツさえ含まれる場合があります。
- 目的がデータサイエンスか、SQL的なクエリか、その他のカスタム処理かに
  よってビッグデータの処理方法が大きく異なります。
- 研究が示すように、ビッグデータは単に大容量であるだけでなく、さまざまな
  スピードで届きます。リレーショナルデータベースからバッチ出力されるデー
  タのように1個の巨大データという場合もあれば、クリックストリームやIoT
  データのように継続的にストリームとして送られてくる場合もあります。

これらはビッグデータの特徴の一部に過ぎません。**ビッグデータ処理**とは、デー
タのソース、サイズ、形式について制限や想定を設けることなく、データを格納、管理、
分析するためのツールとテクノロジーのことです。

ビッグデータ処理の目標は、品質にばらつきのある大量のデータを分析して高価値
のインサイトを生み出すことです。先ほど挙げたデータソースは、IoTセンサーであ

れソーシャルメディアダンプであれ、ビジネスにとって価値のある**シグナル**を含んでいます。たとえば、ソーシャルメディアフィードには、顧客が感じたことを示す内容が含まれています。製品が気に入ってそのことをツイートしているのか、製品に問題があって不満をぶちまけているのかといったことです。これらのシグナルは、大量の雑音の中に埋もれており、価値密度を引き下げています。大量のデータから少量のシグナルを洗い出さなければなりません。場合によっては、シグナルがまったく見つからない場合さえあります。干し草の山から針を探すようなものなのです。

さらに、シグナル自体は多くのことを教えてくれませんが、そういう弱いシグナルを2個組み合わせると強力なシグナルになることもあります。たとえば、車載センサーのデータはブレーキやアクセルが踏まれた頻度を教えてくれます。交通状況データは交通や渋滞のパターンを教えてくれます。車の販売データは誰がどの車を買ったかという情報を伝えてくれます。これらのデータのソースはまちまちですが、保険会社は車載センサーデータと交通状況のパターンを組み合わせてドライバーの安全運転度のプロフィールを作り、安全運転者には安い保険料を提示できます。

図1-1に示すように、ビッグデータ処理システムは、価値密度（シグナルと雑音の比率と考えてよいでしょう）がまちまちな大量のデータを関連付けて価値密度の高いインサイトを生成できます。これらのインサイトは、製品、プロセス、企業文化の重要な転換（トランスフォーメーション）を推進する力を持っています。

ビッグデータは一般に6個のVで特徴づけられます。面白いことに、つい数年前にはビッグデータは3個のV（volume：データ量、velocity：スピード、variety：多様性）だけで特徴づけられていました。わずかな間に、3個のV（value：価値、veracity：正確性、variability：変動性）が加わったのです。本書が出版される頃にはさらに多くのVが追加されているかもしれません。さしあたり、現状のVを見てみましょう。

Volume（データ量）

処理されるデータセットの規模のことであり、ビッグデータの「ビッグ」の部分です。データベースやデータウェアハウスを**ハイパースケール**（hyperscale）と形容するときには、数百TB（テラバイト、GBの次の単位）からまれには数PB（ペタバイト（PB）、TBの次の単位）という規模を指します。さらに、データセットが数千もの列を持つなら、それによってデータ量は別の意味で大きくなります。ビッグデータ処理の世界ではPB単位のデータは当たり前であり、それよりも大きなデータレイクは、実行されるシナリオの増加とともに簡単に数百PBになります。ここで注意すべきことは、このデータ量の大きさが

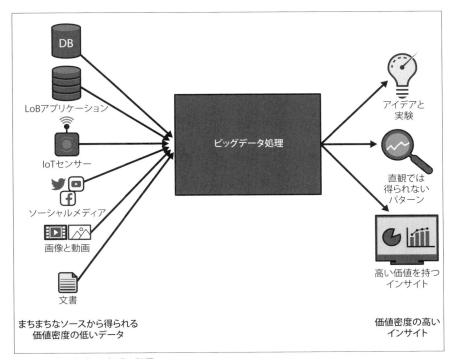

まちまちなソースから得られる
価値密度の低いデータ

価値密度の高い
インサイト

図1-1 ビッグデータ処理の概要

ビッグデータだということです。TBレベルのデータで快適に動作し、TBの
データが数百PBにふくらんでも同じようにスケーリングできるシステムが必
要になます。そうすれば、小規模なところからスタートし、ビジネスとデータ
資産の成長とともにスケールアップできます。

Velocity（スピード）

ビッグデータエコシステムのデータには、どの程度のスピードで生成され、ど
の程度のペースで動き、変化するかという通常とは異なる「スピード」概念が
あります。たとえば、ソーシャルメディアのトレンドについて考えてみましょ
う。1つのTikTok動画に流行の火が点いても、数日後には火は完全に収まり、
次の流行が生まれる余地が生まれます。毎日の歩数のようなヘルスケアデータ
にも同じことが言えます。現在のアクティビティの計測結果は重要な情報です
が、数日後には重要なシグナルではなくなります。トレンドのハッシュタグの

レコメンデーションであれ、毎日の目標を達成するために必要な残り歩数であれ、こういった情報の処理ではほとんどリアルタイムで数百万、場合によっては数十億のイベントを生成、インポート、インサイトを生成しなければなりません。それに対し、データの価値が長期にわたって維持されるシナリオもあります。たとえば、販売予測や予算策定では、過去数年のトレンドが重視され、数か月、あるいは数年前からのデータが使われます。これら両方のシナリオ（大量データのバッチインポートと継続的に送られてくるデータのストリームインポート、およびインポートしたデータの処理）をサポートするビッグデータシステムは、さまざまなシナリオでデータレイクを活用し、さまざまなソースから得られたデータを関連付けて従来なら得られなかったようなインサイトを生み出す柔軟性を発揮します。たとえば、同じシステムでソーシャルメディアから得た短期的なトレンドと長期的なパターンの両方に基づいて売上を予測するようなことができます。

Variety（多様性）

今までのVで示したように、ビッグデータ処理システムはさまざまなシナリオに対応できなければなりません。そのためには、さまざまなデータをサポートすることが大切になります。ビッグデータ処理システムは、データのサイズ、構造、供給元に制限を加えずにデータを処理できます。強力な保証をともなう定義済みの表構造に従った構造化データ（データベーステーブル、LoBシステム）、構造の定義があまり厳格ではない半構造化データ（CSV、JSONなど）、まったく構造のない非構造化データ（画像、動画、ソーシャルメディアフィード、テキストファイルなど）のいずれにも対応しています。そのため、データがどのような形式かについて前提条件を設けることなく、ソースから価値のあるシグナルを取り出せます（これは保険や融資の契約書作成で重要な意味を持ちます）。

ほとんどのデータウェアハウスは数PBまでスケールアップでき、非構造化データを処理できることを保証するとともに、容量と多様性の両面で性能の向上に努めています。大切なのは、少なくとも現在のデータウェアハウスは数十、数百PBのデータを格納、処理できるようには作られていないことです。コストについてもよく考える必要があります。シナリオ次第では、データウェアハウスよりもデータレイクにデータを格納した方がずっと低コストになります。ま

た、データウェアハウスは非構造化データをサポートしますが、個々の製品に固有なプロプライエタリな形式に従った構造化データの処理に特に最適化されています。データレイクとデータウェアハウスの境界線はどんどんあいまいになってきていますが、データプラットフォームの適切なアーキテクチャを選択するときには、もともとの特徴を頭に入れておくべきです。

Veracity（正確性）

正確性は、ビッグデータの品質と提供元のことです。ビッグデータ解析システムは、形式やデータソースについて前提条件を設けずにデータを受け入れます。そのため、データがすべてしっかりとした知見に基づいて作られているとは限りません。たとえば、スマート冷蔵庫は、自らの健全性を示す数バイトの情報を送ってくるかもしれませんが、実装次第ではその情報の一部は失われたり不完全だったりする可能性があります。ビッグデータ処理システムはデータ準備の段階を組み込み、複雑な操作を実行する前にデータを検証、洗浄、キュレーションすることが必要になります。

Variability（変動性）

ソース、サイズ、形式、品質のいずれであれ、ビッグデータシステムではそれらの変動への適応力が求められます。ビッグデータ処理システムは、あらゆるタイプのデータを処理できるようにするために変動対応力を組み込まなければなりません。また、ビッグデータ処理システムはオンデマンドで望ましいデータ構造を定義できますが、これをオンデマンドのスキーマ適用と呼びます。たとえば、数百個のデータポイントを持つCSV形式のタクシーデータがあったとして、出発地と到着地のデータだけを処理しその他のものは無視する処理システムもあれば、運転手の識別情報と料金のデータだけを処理しその他のものは無視する処理システムもあるような形にすると、もっとも大きな力を発揮するようになります。すべてのシステムがそれ自体としてはパズルのピースを1つしか持っていないものの、それらを組み合わせると今までは得られなかったようなインサイトが得られるようになるのです。私は、さまざまな郡の不動産データを集めていた金融サービス会社で仕事をしたことがあります。データはMicrosoft Excel形式、CSVダンプ、高度に構造化されたデータベースのバックアップという形で入手していました。これらのデータを処理、集約して、地

域による土地、家屋の価格、購入パターンの違いについての優れたインサイト
を生み出し、適切な抵当率を計算していたのです。

Value（価値）

今までのVの説明でもすでに取り上げてきましたが、強調すべき最重要のVは
ビッグデータシステムのデータの価値です。ビッグデータシステムのもっとも
よいところは、価値を生むのが1度だけではないことです。データを集めて格
納するのは、そのデータがさまざまな人々のために価値を生み出すと思うから
です。データの価値は時間とともに変わっていきます。トレンドの変化によっ
てあまり価値がなくなるものもあれば、古い方が価値があるというものもあり
ます。売上データを例にとって考えてみましょう。売上データは、増収戦略の
立案や納税額、営業職従業員の歩合給の計算に使われます。将来のトレンドの
予想や売上目標の設定には、経時的な売上トレンドの分析が欠かせません。売
上データに機械学習のテクニックを応用してソーシャルメディアトレンドや気
候データといった一見無関係なデータとの相関関係を見つければ、売上の意外
なトレンドを予想できます。ただし、解決しようとしている問題によっては、
データの価値が時間とともに低下していく場合があることを忘れないようにす
べきです。たとえば、全世界の気象パターンを格納するデータセットには、経
時的な気候トレンドの変化を分析するときには大きな価値があります。しか
し、雨傘の売上パターンの予測では、5年以上前の気象パターンはあまり役に
立ちません。

以上のビッグデータの6Vは、**図1-2**のように描くことができます。

1.2　弾力性の高いデータインフラストラクチャ：課題

企業がデータの価値を現実化するためには、データを格納、処理、分析するための
インフラストラクチャが決定的に重要な意味を持ちます。データインフラは、あらゆ
る形式、サイズ、形状のデータを格納できるだけでなく、このような多様なデータを
インポート、処理、活用して価値のあるインサイトを引き出せなければなりません。

さらに、インフラストラクチャはデータ量の増加と、多様性の拡大に対応が求めら
れます。企業がデータやインサイトに対する需要が高まるにつれて、弾力的にスケー
リングできるようになっていなければなりません。

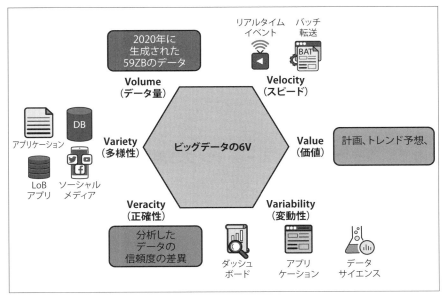

図1-2　ビッグデータの6V

1.3　クラウドコンピューティングの基礎

　クラウドコンピューティング（cloud computing）や弾力性のあるインフラストラクチャ（elastic infrastructure）といった用語は広く普及し、今や「Siriに聞いてみな」とか「それ、ググった？」と同様に日常会話の一部になっています。こういった言葉を言ったり聞いたりしたときに一瞬間が空くようなことはなくなったわけです。しかし、これらは一体どういう意味なのでしょうか。また、これらがDX成功の鍵を握る最大の要素になったのはなぜなのでしょうか。クラウドデータレイクに飛び込む前に、ここで少しクラウドの方に目を向け、クラウドコンピューティングの基礎を学んでおきましょう。

　クラウドコンピューティングは、企業の従来のITリソースに対する見方を大きく変えました。従来のアプローチでは、企業がIT部門を抱え、ソフトウェアを実行するための機械装置も企業が買っていました。ここでいう機械装置には、開発者を始めとするITワーカーに支給するラップトップ、デスクトップやIT部門がメンテナンスして他部門にアクセスを提供するデータセンターが含まれます。IT部門は、ハードウェアを調達し、ハードウェアベンダーによるサポートを管理していました。そして、こ

のようなハードウェアで実行される OS とアプリケーションをインストール、更新するための操作手順と人員も確保していました。しかし、このような形には問題点がいくつもありました。ビジネスはハードウェアの故障のリスクに絶えず脅かされ、インストールとアップグレードを管理する小規模な IT 部門ではソフトウェアの開発と活用に割ける十分なリソースがありませんでした。しかし何よりも重要なのはハードウェアをスケーリングできなかったことであり、これがビジネスの成長を大きく阻害しました。

1.3.1　クラウドコンピューティングの用語

非常に単純化して言えば、クラウドコンピューティングとは、IT 部門がインターネットの向こうからコンピューティングリソースを調達してくることです。クラウドコンピューティングリソース自体は、クラウドプロバイダが所有、運用、メンテナンスします。しかし、クラウドはどれも同じというわけではありません。クラウドにもさまざまなタイプがあります。

パブリッククラウド（public cloud）
　　パブリッククラウドプロバイダには、Microsoft Azure、Amazon Web Services（AWS）、Google Cloud など多数のものがあります。パブリッククラウドプロバイダは、世界各地に大量のコンピューターラックを集めたデータセンターを持っており、異なる顧客企業が同じインフラストラクチャを使える**マルチテナントシステム**（multitenant system）を実行しています。パブリッククラウドプロバイダは、異なる顧客企業が同じインフラを使っても、他社のリソースにアクセスできないようにするアクセスの分離を保証しています。

プライベートクラウド（private cloud）
　　VMware などのプロバイダは、1つの企業が完全に専用で使えるコンピューティングリソースをオンプレミスデータセンターがホスティングするプライベートクラウドを提供しています。パブリッククラウドプロバイダはサンドイッチ屋、パン屋、歯医者、音楽教室、美容室といったものが同じビルに入っているショッピングセンターのようなものですが、プライベートクラウドプロバイダは建物全体が教室として使われている学校の校舎のようなものだと考えられます。パブリッククラウドプロバイダも、自らのサービスのプライベートクラウドバージョンを提供しています。

　企業は、ニーズに合わせて複数のクラウドプロバイダーを使い分けることもできます。これを**マルチクラウド**（multicloud）と呼びます。それに対し、**ハイブリッドクラウド**（hybrid cloud）というアプローチをとる企業もあります。これは、オンプレミスのインフラストラクチャにプライベートクラウドを置きつつ、パブリッククラウドサービスも利用し、必要に応じて2つの環境の間でリソースを動かすものです。これを図にすると**図1-3**のようになります。

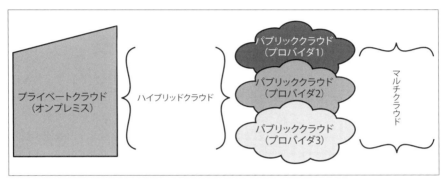

図1-3　クラウドの概念

　コンピューティングリソースについて話してきましたが、そもそもコンピューティングリソースとは何なのでしょうか。クラウド上のコンピューティングリソースは、次の3種類に分類されます。

IaaS（Infrastructure as a service）

　どのようなサービスでも、コンピューティング（処理）、ストレージ（データ）、ネットワーキング（接続）を提供するリソースから構成される必要最小限のインフラが必要になります。IaaSは、パブリッククラウド上に作れる仮想化されたコンピューティング、ストレージ、ネットワーキングリソースのことです。ユーザー企業はこれらのリソースを使って独自のサービスやソリューションを作れます。

PaaS（Platform as a service）

PaaSリソースとは基本的にアプリケーション開発者が独自ソリューションを構築するために使えるツールのことで、それをプロバイダが提供します。PaaSリソースはパブリッククラウドプロバイダが提供するほか、ツールの提供を専門とするプロバイダも提供しています。PaaSリソースの例としては、MicrosoftのAzure Cosmos DB、AmazonのAmazon Redshift、MongoDBのMongoDB Atlas、Snowflakeのデータウェアハウスなど、サービスとして提供されている運用データベースが挙げられます。すべてのパブリッククラウドがこういったものをサービスとして構築しています。

SaaS（Software as a service）

SaaSリソースは、サブスクリプションという形ですぐに使えるソフトウェアサービスのことです。そのソフトウェアは、自分のコンピューターには何もインストールせずにどこからでも利用できます。社内の開発者がカスタマイズする余地はありますが、そのままの状態でもすぐに使えるだけの機能を備えています。SaaSの例としては、Microsoft 365、Netflix、Salesforce、Adobe Creative Cloudが挙げられます。

ピザ作りを例えになぞらえると、IaaSを使うということは、自前で小麦粉、イースト菌、チーズなどを買ってきて自前で生地をこね、トッピングを載せ、ピザを焼くことになります。プロの料理人並のスキルが必要になります。PaaSを使うということは、焼くだけで食べられる生の状態のピザを買ってきてオーブンに入れるようなことです。この場合、プロの料理人のようなスキルはいりませんが、オーブンの使い方の知識は必要であり、生焼けにならないように焼き加減を見守る必要があります。SaaSを使うということは、地元のピザ屋に電話してピザを調理してもらい、焼きたての温かいピザを宅配してもらうようなことです。料理の専門知識はまったく不要で、すぐにおいしく食べられるピザが届けられます。

1.3.2　クラウドの特徴

クラウドへの第一歩を踏み出そうとしている顧客企業が私に最初に必ず質問してくることがあります。それは、そもそもなぜクラウドに移行しなければならないのかということです。クラウド化には何重もの投資効果（ROI）がありますが、それらは大きく3つに分類できます。

総保有コスト（TCO）の低減

TCOとは保守管理するテクニカルソリューションの総保有コスト（total cost of ownership）のことで、データセンターとソフトウェアの経費、運用のために必要な人員の人件費などが含まれます。ごく一部の例外を除き、クラウド上にソリューションを構築すれば、ソフトウェアを内製してオンプレミスデータセンターにデプロイするのと比べてTCOは大幅に下がります。これは、企業としてはビジネスロジックのためのコードを書くソフトウェアチームの維持に力を注ぐだけで、その他のハードウェア、ソフトウェアのニーズはすべてクラウドプロバイダが面倒を見てくれるからです。コスト削減の要因となるものの一部を挙げてみましょう。

ハードウェアのコスト

クラウドプロバイダは、一般企業が自前のデータセンターを構築、運用し、ハードウェアをメンテナンスし、サポート期間が切れたときにハードウェアを更新する場合と比べて低いコストでハードウェアリソースを保有、構築、サポートできます。

ソフトウェアのコスト

従来のIT部門では、ハードウェアの構築、維持以外の主要業務の1つは、オペレーティングシステムのサポート、デプロイ、最新バージョンへの更新でした。一般に、更新時にはシステムダウンの予定も組むことになり、それも会社にとっては大きなダメージになます。クラウドプロバイダは、IT部門に負担をかけることなくこのサイクルの面倒を見てくれます。ほとんどの場合、更新は目に見えない形で行われるため、ダウンタイムの影響も受けません。

使っただけの料金

ほとんどのクラウドサービスは、サブスクリプションベースの課金モデルを使っていますが、これは使った分だけ料金を支払うということです。1日のうちの決まった時間だけとか1週間のうちの決まった日数だけ使うリソースがあれば、その時間の分の料金を支払うだけでかまいません。この形なら、使っていない時間もハードウェアを維持するのと比べてコストは下がります。

弾力的なスケーリング

　ビジネスのために必要なリソースは本質的に非常に流動的です。予定内、予定外の利用増加のためにリソースを追加でプロビジョニングしなければならなくなるときも出てきます。会社自身がハードウェアを保守、実行している場合、ビジネスの成長の上限が持っているハードウェアによって縛られることになります。クラウドリソースは弾力的にスケーリングできるため、数クリックでリソースを追加し、需要の急増に対応できます。

タイムラグのないイノベーション

　クラウドプロバイダは、複数の顧客から学んだことに基づいて絶えず新しいサービスやテクノロジーを追加し、イノベーションを絶やしません。このような最先端のサービス、テクノロジーを活用すれば、業界全体の幅広い知識に接していないかもしれない社内の開発者だけに頼るのと比べて、ビジネスのシナリオに合ったイノベーションをすばやく打ち出せるようになります。

1.4　クラウドデータレイクのアーキテクチャ

　増加の一途をたどる企業のデータへのニーズに対してクラウドデータレイクがどのように応えていくのかを理解するためには、数十年前にデータ処理とインサイトがどのように機能していたかをまず理解することが大切です。ビジネスは、解決しなければならないビジネス問題を補う存在としてデータを捉えていました。このアプローチはビジネス問題を中心に置くもので、次のような手順で進められていました。

1. 解決すべき問題を明らかにする。
2. 問題解決に役立つデータの構造を定義する。
3. その構造に従ってデータを集めたり作り出したりする。
4. Microsoft SQL ServerなどのOLTP（オンライントランザクション処理）データベースにデータを格納する。
5. さらに変換（フィルタリング、集計など）を加えてデータをOLAP（オンライン分析処理）データベースに格納する。ここでもSQLサーバーが使われます。
6. OLAPデータベースからダッシュボードやクエリを作ってビジネス問題を解決する。

　たとえば、売上の実態を理解したい企業は、セールスパーソンに売上データととも
に見込み客、顧客、優良顧客を入力させるアプリケーションを作り、このアプリケー
ションは1個以上の運用データベースを使います。顧客情報を格納するために1個の
データベース、営業部門の従業員情報を格納するために別のデータベース、さらに顧
客と従業員の両データベースを参照して売上情報を格納する第3のデータベースを使
います。オンプレミスシステムは、**図1-4**のような3層構造になります。

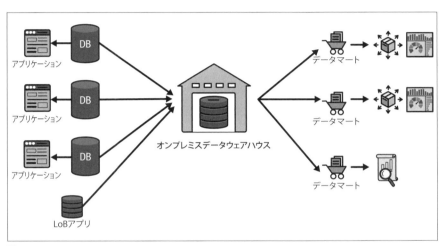

図1-4　Traditional on-premises data warehouse

エンタープライズデータウェアハウス
　　　データが格納されるコンポーネントです。データを格納するデータベースコン
　　　ポーネントとデータベースに格納されているデータが何かを示すメタデータコ
　　　ンポーネントから構成されます。

データマート
　　　データマートはエンタープライズデータウェアハウスの一部を取り出したもの
　　　で、ビジネスやテーマに特化したアプリケーションにすぐに与えられるデータ
　　　ベースです。データマートに格納されるデータは、データウェアハウスに含ま
　　　れているデータにもう一段の変換をかけたものです。

活用/ビジネスインテリジェンス（BI）層

BIアナリストがデータマート（またはデータウェアハウス）のデータにクエリを送ってインサイトを生み出すために使うさまざまな可視化、クエリツールから構成されます。

1.4.1　オンプレミスデータウェアハウスというソリューションの限界

この形はビジネスにインサイトを提供するためにうまく機能していますが、次のような重大な限界を抱えています。

しっかりと構造化されたデータ

このアーキテクチャは、すべてのステップでデータがしっかりと構造化されていることを前提としています。今までの例で見てきたように、この前提はもう現実的ではなくなっています。データはIoTセンサー、ソーシャルメディアフィード、画像/動画ファイルといったあらゆるソースから送られ、ありとあらゆる形式（JSON、CSV、PNG、その他あらゆるデータ形式）のものがあります。ほとんどの場合、厳格なデータ構造を強制することはできません。

データストアのサイロ化

特定の目的に特化した複数のデータストアに同じデータのコピーが格納されます複数のデータストアに同じデータを格納するとデータコストが上がります。データのコピーというプロセスも高いコストがかかる上に、エラーが起きがちです。エラーが起きると、複数のデータストアで統一のとれていないデータを持つようになってしまいます。

ピーク時のハードウェアのプロビジョニング

オンプレミスデータウェアハウスを導入した企業は、これらのサービスを実行するために必要なハードウェアを設置、維持しなければならなくなります。需要のバースト（急上昇）があるため（次期事業年度の予算締め日の直前や売上の増加が見込まれるホリデーシーズンなど）、あらかじめこのようなピーク時のニーズに合わせて計画を立ててハードウェアを購入しなければなりません。しかし、それはこのようなピーク時以外には使われないで遊んでいるハードウェアが出るということです。そのためにTCOが上がります。これは、データウェアハウスかデータレイクかの違い以上にオンプレミスハードウェアの大

きな限界になっていることに注意しましょう。

1.4.2　クラウドデータレイクアーキテクチャとは何か

　「1.1　ビッグデータとは何か」で見たように、ビッグデータは旧来のエンタープラ
イズデータウェアハウスの制約を飛び越えたところまで進んでいます。クラウドデー
タレイクというアーキテクチャは、まさにこの問題を解決するために作られたもの
です。データのソース、サイズ、形式、品質について条件を設けず、データとデータ
ソースの爆発的な増加に対処できるように設計されているのです。旧来のデータウェ
アハウスの問題ファーストのアプローチとは対照的に、クラウドデータレイクはデー
タファーストのアプローチをとっています。クラウドデータレイクアーキテクチャで
は、すべてのデータが有用だと考えられています。今すぐ必要か将来必要になるかを
問いません。クラウドデータレイクアーキテクチャの最初のステップは、ソース、サ
イズ、形式に制限を設けることなく、未加工（生）の自然な状態でデータをインポー
トすることです。データは、スケーラビリティが非常に高く、あらゆるタイプのデー
タを格納できるクラウドデータレイクに格納されます。未加工データの品質や価値は
まちまちであり、高価値のインサイトを生み出すためには変換が必要になります。

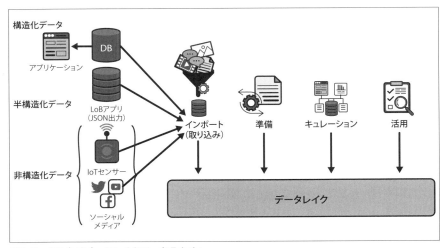

図1-5　クラウドデータレイクアーキテクチャ

　図1-5に示すように、クラウドデータレイクの処理システムは、データレイクに格

納されているデータを操作し、データ開発者がオンデマンドでスキーマを定義すること、つまり処理時にデータの解釈方法を決めることを認めます。処理システムは、低価値の構造化されていないデータから高価値の（構造化されていることが多く、価値のあるインサイトを含む）データを生み出します。この高価値で構造化されているデータは、エンタープライズデータウェアハウスにロードされてから活用されるか、データレイクから直接、活用されます。以上のコンセプトが複雑でわかりにくく感じても、気にすることはありません。この処理については、**2章**と**3章**で詳しく説明します。

1.4.3　クラウドデータレイクアーキテクチャの利点

　クラウドデータレイクアーキテクチャは、次のような点で旧来のデータウェアハウスアーキテクチャの限界を解消しています。

データに対する制限がない

データレイクアーキテクチャは、ソース、サイズ、形式に制限を設けず、あらゆるタイプのデータをインポート、格納、処理するツールから構成されています。これらのシステムは、データレイクに届くスピードの違いにも左右されずにデータを操作できるように作られています。継続的に生成されるリアルタイムデータにも、決められたスケジュールでバッチにまとめられて送られてくる大規模データにも対応できます。また、データレイクのストレージは極端なまでに低く抑えられているので、デフォルトで課金を気にせずにあらゆるデータを格納できます。フィルム時代のカメラで写真を撮るときには撮る意味があるかどうかとても悩んだものですが、今のスマホカメラではろくろく考えずにほいほいシャッターボタンにタッチしているのと似ています。

サイロなしの単一ストレージ層

クラウドデータレイクアーキテクチャでは、データの処理が同一のストレージ内で行われるため、特定の目的に特化したデータストアを設ける必要がなくなります。これにより、コスト削減はもちろん、異なるストレージシステム間でデータを移動させる際に発生するエラーのリスクも減少します。

同じデータストアに多様なコンピューティングを実行できる柔軟性

クラウドデータレイクアーキテクチャは本質的なところでコンピューティングとストレージを分離しているため、ストレージ層はサイロなしのリポジトリとして機能し、同じストレージ層に多様なデータ処理ツールを実行できます。たとえば、同じデータストレージ層に対してデータウェアハウス風のBIクエリを送ったり、高度な機械学習を実行したり、データサイエンス的なコンピューティングをしたり、メディア処理や地震データ分析のようなドメイン固有のハイパフォーマンスコンピューティングを実行したりすることができます。

使用分だけの料金

クラウドのサービスやツールはオンデマンドで弾力的にスケーリングできるように作られています。そして処理システムはオンデマンドで作成、削除できます。そのため、ホリデーシーズンや予算締め日前などの需要急増期にシステムを強化しても、その他の時期にその状態を維持する必要はありません。これはTCOを大きく引き下げます。

コンピューティングとストレージの独立したスケーリング

クラウドデータレイクアーキテクチャでは、コンピューティングとストレージは別のタイプのリソースなので、独立にスケーリングできます。必要に応じてそれぞれのリソースをスケーリングできるのです。クラウド上のストレージシステムは非常に低コストで、大量のデータを格納しても破産しません。コンピューティングリソースは伝統的にストレージよりも高価ですが、オンデマンドで起動、停止できるため、規模の経済を生み出せます。

厳密に言えば、オンデマンドのApache Hadoopアーキテクチャでもコンピューティングとストレージを独立にスケーリングできます。しかし、そのためにはコンピューティングのために最適化されたハードウェアとストレージのために最適化されたハードウェアを慎重に選び、最適化されたネットワーク接続を与えなければなりません。これはまさにクラウドプロバイダがクラウドインフラストラクチャサービスとして提供しているものです。この種の専門知識を持ち、オンプレミスで独自サービスを実行している企業はまず見かけません。

あらゆるタイプのデータをコスト効率よく処理できるこのような柔軟性を手にすれば、企業はデータの価値を認識し、データからトランスフォーメーションを呼び起こ

すようなインサイトを引き出すようになるでしょう。

1.5　クラウドデータレイク導入の道筋

　私は数百もの顧客企業にビッグデータ解析シナリオを提案し、クラウドデータレイク導入作業の一部を支援してきました。これらの顧客企業には、それぞれ異なる動機と問題がありました。クラウドを使うのが初めてでデータレイクへの第一歩を踏み出したいという会社もあれば、すでにクラウドにデータレイクを立ち上げて基本的なシナリオをサポートしているけれども次のステップを踏み出したいという会社もあります。さらに、クラウドネイティブでアプリケーションアーキテクチャの一部としてデータレイクも使いたいという会社、すでにクラウドに成熟したデータレイクを持っていて、データのパワーで同業他社に対して競争優位に立てるような価値を生み出したいという会社もあります。このようなコンサルティングから学んだことをまとめなければならないとすれば、ポイントは次の2つに絞られるでしょう。

- クラウドに対する成熟度にかかわらず、データレイクは会社の未来のために設計せよ。
- 実装は今すぐ必要なものに基づいて選択せよ。

　当たり前すぎるし一般的すぎると思われるかもしれませんが、本書を読み進めていくと、クラウドデータレイクを設計、最適化するための処方箋として私が示すフレームワークと助言は、あなたが次の2つの問いに対する答えを絶えず考えてしていることを前提としたものになっていることに気づくはずです。

1. データレイクに関する意思決定を左右するビジネス問題は何か。
2. この問いに対する答えを探すとき、データレイクで自社を差別化するためにほかに何ができるか。

　具体例を使って考えましょう。企業がクラウドデータレイクに向かうシナリオでよくあるのが、Hadoopクラスターをサポートするオンプレミスハードウェアの寿命が残りわずかになったときです。このHadoopクラスターは、主としてデータプラットフォーム、BIチームがオンプレミスのトランザクショナルストレージシステムからインポートしたデータでダッシュボードやキューブを作るために使われています。会

社はハードウェアを買い足してオンプレミスハードウェアを維持するか、誰もが話題にしているクラウドデータレイクに投資するかで決断を迫られるわけです。クラウドデータレイクなら、弾力的にスケーリングでき、システムの所有コストが下がり、さまざまな機能やサービスが利用でき、その他前節で説明したような長所がすべて手に入ることが約束されています。ここで会社がクラウドへの移行を決断すると、ハードウェアが寿命を迎えるときというデッドラインが設けられ、既存のオンプレミス実装をクラウドに移植するリフトアンドシフトの作業に入るわけです。これはまったく問題のないアプローチであり、システムが会社の基幹業務を担うものならなおさらそうです。しかし、こういった会社はすぐに次のような現実を認識することになります。

- 既存システムのリフトアンドシフトでさえ、大変な労力がかかる。
- クラウドの価値を認識し、もっと多くのシナリオをクラウドに追加したくなっても、もともとデータレイクではひとまとまりのBIを実行することを想定していたため、セキュリティモデルやデータ構成などの設計上の選択のために制約を受ける。
- 場合によっては、リフトアンドシフトした結果がコストとメンテナンスの両面で見劣りし、もともとの目的がふいになる。

予想外のことではないでしょうか。こういった予想外のことが起きるのは、オンプレミスとクラウドのアーキテクチャの違いからです。オンプレミスのHadoopクラスターでは、コンピューティングとストレージが同じところにあって密結合していますが、クラウドでは、Amazon S3、Azure Data Lake Store（ADLS）、Cloud Storage（Google Cloud）などのオブジェクトストレージ/データレイクストレージ層を設け、IaaS（VMをプロビジョニングして自前のソフトウェアを実行する）やPaaS（Azure HDInsight、Amazon EMRなど）という形のさまざまなコンピューティングオプションでそれを処理することになります（**図1-6**参照）。クラウドでは、データレイクソリューションはレゴのブロック（IaaS、PaaS、SaaSのどれでもかまいません）を組み合わせて作った構造体なのです。

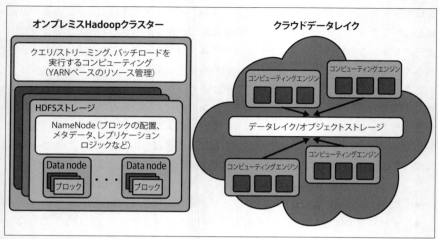

図1-6 オンプレミスとクラウドアーキテクチャ

コンピューティングとストレージが分離されているアーキテクチャには、独立した
スケーリングとコスト削減のメリットがあるということはすでに説明しましたが、こ
れらのメリットを得るためには、クラウドデータレイクのアーキテクチャと設計が分
離されたアーキテクチャを尊重するようなものでなければなりません。たとえば、ク
ラウドデータレイクの実装では、コンピューティングシステムはローカル呼び出しを
使うのではなくネットワーク越しにストレージシステムとやり取りをします。この部
分を最適化しなければ、コストとパフォーマンスの両方が影響を受けます。同様に、
メインのBIのためのデータレイク実装が完成したら、対応するシナリオを増やした
り、まったく異なるデータセットを導入したり、データレイクのデータを使ってデー
タサイエンスによる探索的分析を進めたりすることによってデータレイクからより
多くの価値を引き出せるようになりますが、営業担当のVPが毎日必ず確認するダッ
シュボード用のデータセットが、データサイエンスによる探索的分析の過程で間違っ
て削除されないように、適切な対策を講じる必要があります。データの構成とセキュ
リティモデルは、このような区分けとアクセス制御を保証するために重要です。

オンプレミスサーバーの寿命が残りわずかになったのでクラウドに移行しなければ
ならないというもともとの動機とともにこれらのすばらしいチャンスを両立させるた
めには、タイムラインを守りつつ、クラウドで成功するための準備も進められるよう
なプランを策定することが必要になります。クラウドデータレイクへの移行には、次
の2つの目標があるということです。

- オンプレミスシステムの廃止
- クラウドで成功をつかむための準備

　ほとんどの会社は最初の目標のことしか考えず、莫大な技術的負債を抱え込んでからアプリケーションを作り直さなければならなくなります。クラウドデータレイクアーキテクチャについて検討するときには、必ず次のことを目標にするようにしましょう。

- データレイクのクラウドへの配置
- クラウドアーキテクチャに適した形へのデータレイクのモダナイズ

　ビジネスの規模とニーズが拡大してもびくともしないアーキテクチャを見つけるためのプロセスでは、これら2つの目標が大きな役割を果たすはずです。
　これら2つの目標の達成方法を理解するためには、クラウドアーキテクチャとは何か、実装のために設計上考慮しなければならないことは何か、スケールとパフォーマンスの両方でデータレイクを最適化するためにはどうすればよいかを理解する必要があります。これらの疑問については、**2章**と**4章**で詳しく説明します。また、クラウドデータレイクへの移行にまつわるさまざまな問題を考える上で役に立つフレームワークを示すことにも力を注いでいきます。

1.6　まとめ

　この章は、会社のデータとトランスフォーメーションを呼び起こすインサイトの特徴からスタートしました。クラウドコンピューティングとは何か、従来のデータウェアハウスとクラウドデータレイクにはどのような違いがあるかについての基本も説明しました。最後に、ビッグデータ、クラウド、データレイクとは何かを明らかにしました。オンプレミスとクラウドではアーキテクチャが異なるので、マインドセットの切り替えが重要だということを強調しました。マインドセットの切り替えがクラウドデータレイクを設計するときのアーキテクチャの切り替えの成否を左右します。以下の章では、クラウドデータレイクアーキテクチャの詳細と実装時に考慮すべきことを説明していきますが、みなさんに特にお願いしたいのはこのマインドセットの切り替えです。

2章
クラウド上の
ビッグデータアーキテクチャ

> ビッグデータは情報の増加をもたらすかもしれないが、誤情報の増加ももたらし
> 得る。
> —— ナシーム・タレブ（Naseem Taleb）

1章では、この章の基礎として役立つクラウドデータレイクについての2つの知識
を学びました。

- データレイクというアプローチの出発点は、ソース、サイズ、形式の違いにか
  かわらず、あらゆるタイプのデータを格納、処理できるようにして、価値密度
  （S/N比、シグナル雑音比）がまちまちな多様なソースからのデータをもとに
  高価値のインサイトを引き出せるようにすることにある。
- クラウド上にデータレイクを構築するためのアーキテクチャは、IaaS、PaaS、
  SaaSソリューションのさまざまなコンポーネントを組み合わせた非集約的な
  ものになる。

ここで大切なのは、クラウドデータレイクソリューションの構築では、それ
ぞれ独自の長所を持つさまざまなアーキテクチャが使えることです。この記事
（https://oreil.ly/VUHSK）は、最近のデータアーキテクチャのさまざまなコンポー
ネントの概要を包括的に取り上げています。この章では、広く使われているアーキテ
クチャパターンの一部を深く掘り下げ、クロダースコーポレーションという架空の企
業でそれぞれのアーキテクチャを採用したときにどのような長所が得られるかを見て
いきます。

2.1　クロダースコーポレーションがクラウドに 移行しようとしている理由

クロダースコーポレーションは、太平洋岸北西地域（アラスカ州からカナダのユーコン準州、ブリティッシュコロンビア州をはさんでワシントン州、オレゴン州、アイダホ州など）で雨具などの製品を販売している優良企業です。事業の急成長にともなう以下の理由からクラウドへの移行を検討しています。

- オンプレミスシステムで実行されているデータベースでは、事業の急成長に追随してスケールアップできなくなった。
- 事業の成長とともにチームも大きくなっている。営業、販売促進の両部門がそれぞれのアプリケーションの速度低下を感じており、システムを同時に利用しているユーザーの増加のためにタイムアウトになることさえある。
- 販促部門は、最適なターゲットに向けてソーシャルメディア上のキャンペーンを展開するために入力データを増やしたいと考えており、インフルエンサーの活用というアイデアを模索しているが、どこからどのように始めたらよいかわからないでいる。
- 営業部門はファネルの3種類の顧客全体にすぐに働きかけを広げることができないため、リテール（小売）とホールセール（卸売）への働きかけを優先させようとして苦労している。
- 投資家たちは事業の成長を評価し、取扱品目を雨具以外に広げることをCEOに求めている。CEOは事業拡大戦略を打ち出さなければならない。

ソフトウェア開発チームの意欲的なリーダーであるアリスは、クラウドに注目し、他社がそれぞれの課題を解決するためにクラウドデータレイクをどのように活用しているかを調査することをCEOとCTOに提案しています。また、クラウドデータレイクによって次のようなメリットやチャンスをつかめることを明らかにするデータポイントを集めています。

- クラウドは会社のニーズの成長に合わせて弾力的にスケーリングでき、料金体系が従量制なので、ピーク時に合わせてハードウェアを過剰投入し、その他の時期に眠らせておく無駄を省ける。
- クラウドベースのデータレイクやデータウェアハウスは、同時利用ユーザーの

増加に対処するためにスケーリングできる。
- クラウドデータレイクには、自社サイトのクリックストリーム、リテールアナリティクス、ソーシャルメディアフィード、さらには天候状態といったデータを処理するためのツールやサービスがあるので、会社は自社の販促活動の状態を深く理解できる。
- データアナリストやデータサイエンティストを採用すれば、市場のトレンドを処理して事業拡大戦略のために役立つ有効なシグナルを提供できる。

CEOはこのアプローチを高く評価しており、クラウドデータレイクソリューションを試してみたいと思っています。このような状況のクロダースコーポレーションにとって大切なのは、従来の業務をそのまま維持しながら、クラウドのアプローチのテストを始めることです。さまざまなクラウドアーキテクチャが、急成長・急拡大を遂げているクロダースのニーズに応えつつ、ユニークなメリットとしてどのようなものを提供できるかを見てみましょう。

2.2　クラウドデータレイクアーキテクチャを 理解するための基礎知識

クラウドデータレイクアーキテクチャを導入する前に、クラウドデータレイクアーキテクチャの基礎となり構成要素として機能する4つの主要コンポーネントがあることをしっかりと理解することが大切です。その4つとは次のものです。

- データ自体
- データレイクストレージ
- データを処理するビッグデータアナリティクスエンジン
- クラウドデータウェアハウス

2.2.1　データの多様性を表す用語

データレイクが多様なデータをサポートすることはすでに述べた通りですが、その多様性にはどのような意味があるのでしょうか。例として、今まで話題にしてきた在庫と売上のデータセットを使うことにしましょう。論理的には、これらのデータは表形式になっています。つまり、行と列があって表で表せるようになっています。しかし、実際には表データの表現方法はデータを生成するソースによってまちまちなも

のになります。ビッグデータ処理で扱うデータは、大きく3つのカテゴリに分類されます。

構造化データ

データが定義された構造（行と列）にまとめられ、定義済みの厳格なスキーマに従っているデータ形式です。古くから使われているものの例としては、SQLのようなリレーショナルデータベースに格納されたデータが挙げられます。この種のデータは、**図2-1**のような形でつながっています。データは、最適化されたリレーショナルデータベース専用のカスタムバイナリ形式で格納されます。このデータ形式は、個々のシステムのために特別に作られたプロプライエタリなものです。データのコンシューマーは、エンドユーザーであれアプリケーションであれ、この構造とスキーマの知識を持っており、アプリケーションはその知識に基づいて作られています。ルールに従っていないデータは破棄され、データベースには格納されません。データベースエンジンは、効率的に格納、処理できるように最適化されたバイナリ形式でデータを格納します。

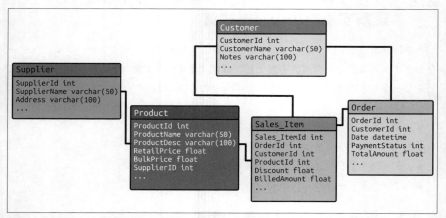

図2-1　データベースに格納される構造化データ

半構造化データ

構造はあるものの、定義が緩やかで必要に応じて構造をカスタマイズできる柔軟性を持っているデータ形式です。JSONやXMLがその例です。**図2-2**は、こ

の2つのデータ形式で販売品目データを表現したものを示しています。半構造化データ形式の力は、その柔軟性にあります。スキーマの設計を始めてからしばらくして追加データが必要だということが明らかになった場合、フィールドを追加してデータを格納しても、データ構造に違反したことにはなりません。既存のデータ形式に基づくエンジンは問題を起こすことなく今までと同じ処理を続けられ、新しいデータ形式に対応したエンジンは新しいフィールドを組み込んだ形で処理をすることができます。同様に、異なるソースが類似データを送ってくる場合（たとえば、POSシステムと自社サイトがともに売上情報を送ってくるなど）には、複数のソースをサポートするスキーマの柔軟性が役に立ちます。

Sales_Item (XML)

```
<sales_item>
 <sales_item_id>1233</sales_item_id>
 <order_id>34556</order_id>
 <customer_id>5678</customer_id>
 <product_id>8754</product_id>
 <discount>0.50</discount>
 <billed_amount>
   <value>100.00</value>
   <currency>USD</currency>
 </billed_amount>
</sales_item>
```

Sales_Item (JSON)

```
"sales_item":{
 "sales_itemid":"1233",
 "orderID":"34556",
 "customerID":"5678",
 "productID":"8754",
 "discount":"0.50"
 "billed_amount":{
   "value":"100.00"
   "currency":"USD"
 }
}
```

図2-2　半構造化データ

非構造化データ

データの格納方法に制限を設けないデータ形式のことで、ソーシャルメディアフィードのコメントのようなフリーフォームのメモのような単純なものからMPEG4動画やPDF文書のような複雑なものまでを含みます。データの内容を理解し、データから情報を適切に抽出できるカスタムパーサーが必要になるので、もっとも処理が難しい形式だと言えるでしょう。その一方で、データに対する制限がまったくないので、汎用オブジェクトストレージにもっとも格納しやすい形式だとも言えます。たとえば、販売者が値札をつけ、購入者が現れ

たら販売済みの表示をつけるソーシャルメディアフィードの画像について考えてみましょう。この画像を処理するエンジンは、画像からどの商品が販売済みでその価格と購入者がどうだったかを判断し、タグを処理できなければなりません。人間がタグ付けを行うため品質が低いデータを理解できるエンジンを作るのは、不可能ではなくても大変です。しかし、非構造化データを扱えるようにすると、売上を得るためのさまざまな手段を取り込める柔軟性が得られます。たとえば、今まで説明してきたように、ソーシャルメディアの画像から指定した地域で住宅を販売している仲介業者とその販売価格を読み出せるようなエンジンを作れるようになるわけです（**図2-3**参照）。

図2-3　非構造化データ

2.2.2　クラウドデータレイクストレージ

　クラウドデータレイクストレージ（cloud data lake storage）をごく単純に定義すると、あらゆるタイプ（構造化、半構造化、非構造化）のデータを格納する中央のリポジトリとして、大規模なデータとトランザクションをサポートするクラウド製品ということになります。この「大規模」とは、数百PBのデータと毎秒数十万のトランザクションをサポートし、データとトランザクションの両方が成長を続けても弾力的

といった独立ソフトウェアベンダー（ISV）の製品を選ぶでしょう。

- ビッグデータプラットフォームとほかのネイティブクラウドサービスの密接なインテグレーションを望む会社は、AWS、Azure、Google Cloud などのパブリッククラウドプロバイダの製品を選ぶでしょう。
- 投資して社内に強力な技術チームを抱えるつもりがあり、ベンダーにかかるコストを節約したい会社は、オープンソースのリポジトリからフォークして独自プラットフォームを構築するでしょう。

これは、Apache Spark などのほかのオープンソースソフトウェアにも当てはまります。

Hadoop はバッチ処理のための MapReduce、リアルタイム処理のための Apache Storm、Hadoop アーキテクチャ上のデータへのクエリのための Apache Hive といった包括的なビッグデータ処理ツールセットを提供することによって、データレイクアーキテクチャの基礎を築いたと言えるでしょう。

2.2.3.3　Apache Spark

Apache Spark（https://spark.apache.org）は、ビッグデータアナリティクスを研究していた UCB（カリフォルニア大学バークレイ校）の AMPLab（https://amplab.cs.berkeley.edu）で生まれました。Apache Spark の目標は、データの反復処理と瞬間的にインサイトを提供するリアルタイム処理を必要とする機械学習などのさまざまな応用をサポートし、フォールトトレランスを備えながら、分散データ処理における MapReduce のような大規模処理を実現する柔軟なプログラミングモデルを提供することです。

Spark も、Hadoop と同様に基礎となるストレージ層を必要としますが、HDFS ストレージでなければならないというような制約はありません。Spark は、クラウドオブジェクトストレージサービスはもとよりローカルストレージさえサポートしています。同様に、Spark はクラスターマネージャーも使いますが、Hadoop から生まれた YARN、同じ UCB で生まれた Apache Mesos などのさまざまな選択肢があります。最近は、クラウドネイティブ開発への Kubernetes とコンテナー（コード、ランタイム、その他コードを実行するために必要なコンポーネントをまとめてすぐに実行できるソフトウェアパッケージにしたもの）の浸透を受けて、Spark on Kubernetes（https://oreil.ly/Ck4pd）も広く採用されるようになってきています。Spark の最大の差別化要素は、永続記憶に中間データセットを格納しなくてもフォールトトレラン

スを維持できる Resilient Distributed Datasets（RDD）（https://oreil.ly/tb5Y3）というデータセットの基本抽象をベースとして構築された Spark コアエンジンです。このモデルのおかげで Spark ベースのアプリケーションのパフォーマンスは大幅に上がり、バッチ処理、対話的なクエリ（Spark SQL）、データサイエンス（MLlib）、リアルタイム処理（Spark Streaming）、最近導入されたグラフ処理（GraphX）のために統一のプログラミングモデルを提供できています。Apache Spark の使いやすさとマインドシェアの上昇により、さまざまな業種でビッグデータ処理のコモディティ化が進んでいます。Spark は、Spark 自身のディストリビューション、パブリッククラウドプロバイダの提供サービス（Amazon EMR、Azure Synapse Analytics、Google Cloud Dataproc など）、Spark 開発者たちが起業した Databricks などのソフトウェアプロバイダの製品といった形で利用できます。

　図2-6 は、機械学習、リアルタイム処理、バッチストリーミングに共通のプログラミングモデルを提供するために Spark のさまざまなコンポーネントがどのような階層構造を形成しているかを示しています。

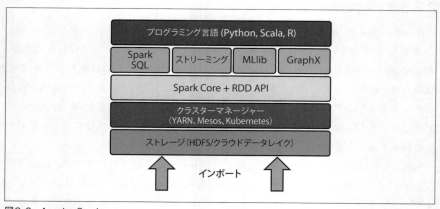

図2-6　Apache Spark

2.2.3.4　リアルタイムストリーム処理パイプライン

　リアルタイムストリーム処理（real-time stream processing）は、スピード重視でデータのインポート、操作、活用をこなすリアルタイム処理（ほとんど瞬間的に結果を出す処理）を実現するものです。旅行中にいつものグルメアプリから近所のお勧めレストランのリアルタイム通知が送られてくるところをイメージしてください。これ

は、モバイル端末から現在地についてのシグナルを受け取り、あなたのプロフィール情報と関連データからレストランを絞り込み、パーソナライズされたレコメンデーションをリアルタイムで送っているのです。移動中、いつもの経路で渋滞が発生しているときにスマホのナビゲーションアプリが別の経路を提案してくるのも、リアルタイムストリーム処理の例です。この場合は、リアルタイムトラフィックデータと地図情報を組み合わせて目的地までの最低な経路を提案するリアルタイム処理パイプラインがあるのです。

リアルタイムストリーム処理パイプラインでは、ソースから**超高速**で届くデータが欠かせません。つまり、この種のデータは雨が降ったり滝が流れたりするように絶えずシステムに流れ込んでくるのです。GPSのようなソースから絶えず流れ込んでくるデータや、ホームオートメーションシステム、産業用装置などのIoTセンサーが送出するイベントがこれに当たります。この種のデータは一般に数KB程度の小さいものです。

リアルタイムストリーム処理パイプラインの処理の部分は、レイテンシーを低く抑えることを重視しながら、リアルタイムストリーミングデータ（場合によっては、リアルタイムデータではないデータとリアルタイムストリーミングデータの組み合わせ）を数m秒という短時間で処理します。リアルタイムストリーム処理アプリケーションの目的は、システムログを処理して問題を見つけたときにすぐにアラートを送ってくるシステムのように、ほぼリアルタイムでのインサイトを期待します。

リアルタイムストリーム処理テクノロジーには、高い処理速度と処理能力でシステムに入ってくるデータを処理すること以外に、次のような要素を含むものになります。

デリバリー保証

リアルタイムストリーム処理テクノロジーは、リアルタイムデータをどのように処理するかに関連してデリバリー保証を設けています。また、最低1回保証は、送られてきたデータを最低1回、エラー処理のためには複数回処理することを保証します。最高1回保証は、重複処理を防ぐために送られてきたデータを高々1回処理することを保証します。完全1回保証は、データがちょうど1回だけ処理されることを保証するもので、高い需要がありますが、実現は困難を極めます。

フォールトトレランス

リアルタイムストリーム処理テクニックは、エラーが起きたのがクラスター内であれその下のインフラであれ、エラーからの回復力を保証しなければなりません。そのためには、どこから処理を再開すべきかを判定できるようにする必要があります。

状態処理

リアルタイムストリーム処理フレームワークは、処理したメッセージ数や最後に処理したメッセージの記録を残す状態管理を提供する必要があります。

リアルタイムストリーミングデータの活用の方法はさまざまです。ソーシャルメディアトレンドチャートのようにトレンドを可視化したり、セキュリティインシデントの検出のようにアラートを送ったり、ブラウズパターンに基づくリアルタイムレコメンデーションのようにインテリジェントアプリケーションとして機能したりといった形があります。

図2-7は、リアルタイムストリーム処理パイプラインのアーキテクチャを図にしたものです。リアルタイムストリーム処理パイプラインを構築するためのテクノロジーにも複数の選択肢があります。Apache Kafka（https://kafka.apache.org）は、リアルタイムストリーミングデータのインポートとストレージで広く使われており、スループットとスケーラビリティの高さで優れています。Amazon Kinesis（https://aws.amazon.com/kinesis）と Azure Event Hub（https://oreil.ly/jwp65）は、Apache Kafka を土台として作られたクラウドネイティブな PaaS 製品です。Apache Storm（https://storm.apache.org）と Apache Flink（https://flink.apache.org）は、リアルタイムデータ処理を提供するオープンソーステクノロジーとして広く使われています。Apache Kafka は、リアルタイムストリーム処理のための Kafka ストリームも提供しています。

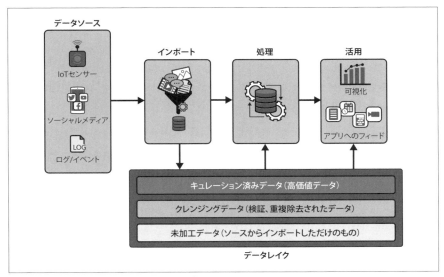

図2-7 リアルタイムストリーム処理パイプライン

2.2.4 クラウドデータウェアハウス

　クラウドデータウェアハウス（cloud data warehouse）は、パブリッククラウド上のマネージドサービス（PaaS）として提供されているエンタープライズ級のデータウェアハウスで、データのインポート、アナリティクス処理、BIアナリティクスとのインテグレーションが最適化されています。**BIアナリティクス**は、可視化と対話的なクエリをサポートするツールのことです。クラウドデータウェアハウス製品は、ユーザーが意識しなくても済むようにインフラストラクチャを抽象化し、顧客のニーズの拡大とともに弾力的にスケーリングできるように設計されており、従来型のオンプレミスデータウェアハウスを自ら抱え込むよりも高いパフォーマンスと低いコストが約束されます。ここで広く使われているクラウドデータウェアハウス製品を簡単に見ておきましょう。

Amazon Redshift

　　パブリッククラウド製品として初めて人気を集めたクラウドデータウェアハウス製品です。Redshift クラスターは必要な計算ノードの数を指定してプロビジョニングでき、製品ドキュメントによれば PB 級のデータ

をサポートできます。Redshift クラスター内のデータには、広く使われ
ている PostgreSQL 言語でクエリを送れます。詳細については、製品ペー
ジ（https://aws.amazon.com/pm/redshift）を参照してください。Redshift
は、データ共有とインサイトの提供を促進するためにコピーなしで異な
る Redshift クラスターの間でデータを共有する機能も発表しています
（https://oreil.ly/unEUs）。

Google BigQuery

クラスターという形でユーザーが自らデータウェアハウスをプロビジョニン
グする Redshift とは異なり、Google BigQuery はクラスター管理の詳細を完
全に抽象化しており、サーバーレスでスケーラビリティの高いデータウェア
ハウスソリューションとなっています。また、AWS や Azure といった他社ク
ラウドでも BigQuery 計算サービスを利用できるようにする BigQuery Omni
（https://oreil.ly/ccsBP）のような機能も持っています。詳細については、製
品ページを参照してください（https://oreil.ly/i8rtT）。

Azure Synapse Analytics

Microsoft Azure 上の統合アナリティクスプラットフォームとして提供されて
いるものです。Redshift と同様に、データウェアハウスクラスターをプロビ
ジョニングし、必要なノード数を指定できます。同じ体験でアナリティクスシ
ナリオのための Spark クラスターをプロビジョニングすることもできます。さ
らに、SQL や Spark を使ったサーバーレスクエリを実行できます。サーバー
レスクエリでは、BigQuery と同様に、クラスターをプロビジョニングせず
にジョブをサブミットできます。さらに、Azure Machine Learning、Azure
Cognitive Services、Power BI などのその他の Azure サービスとのインテグ
レーションも提供しています。詳細については、製品ページを参照してくださ
い（https://azure.microsoft.com/ja-jp/products/synapse-analytics）。

Snowflake Data Cloud

Snowflake データウェアハウスは、AWS、Azure、Google Cloud というす
べてのパブリッククラウドで実行できるマネージドデータウェアハウスソ
リューションです。まちまちなコンピューティング、ストレージアーキテ
クチャで実行できるものの、真にスケーラブルなソリューションとして設
計され、単一のサービスとして提供されているため、コストを複合的に押

し上げることなく、コンピューティング、ストレージの両面で高いスケーラビリティを示します。多様なアーキテクチャに対応しているおかげで、同じデータにアクセスする異なる仮想ウェアハウスを作ってクエリシナリオの違いによる分離を実現することができます。Snowflake は、ほかの Snowflake アカウントとの間でのテーブル、オブジェクトレベルでデータを共有することもできます。詳細については、製品ページを参照してください（https://docs.snowflake.com/ja/user-guide/intro-key-concepts）。

　この節では、データ自体、データレイクのストレージ、アナリティクス（コンピューティング）エンジン、クラウドデータウェアハウスというクラウドデータレイクアーキテクチャの4つのコンポーネントの概要を説明しました。また、広く使われているサービスやテクノロジーの概要をざっと説明した上で、深く学ぶためのリンクも紹介しました。次節では、これらの構成要素をさまざまな方法で組み合わせた新しいデータレイクアーキテクチャを見ていきます。本書を読んでいる間にも、データレイクとデータウェアハウスの両分野の製品にはすごい勢いでイノベーションが起きており、両分野の境界線はあいまいになってきています。本書では、データレイクハウスのさまざまなアーキテクチャパターンを示してこれを詳しく説明します。

　クラウドデータレイクアーキテクチャ内のデータはさまざまな目的に使えますが、企業の共通活用パターンとなっている2大シナリオがあります。

ビジネスインテリジェンス

データは、BIアナリストがダッシュボードを作ったり、しっかりと定義された重要なビジネス問題に答えるための対話的クエリを実行したりするために使われます。ここで使われるのは高度に構造化されたデータです。

データサイエンスと機械学習

データは、定義されたルールセットがなく、改良のために何度もイテレーションが必要となるような複雑な問題に答えるために、データサイエンティストや機械学習技術者が実施する探索的分析や実験的な作業で使われます。ここで使われるデータには、想定される構造はありません。

2.3　モダンデータウェアハウスアーキテクチャ

　モダンデータウェアハウスアーキテクチャでは、データレイクとデータウェアハウスはそれぞれ別の目的のために使われ、互いに保管し合いながら共存します。データレイクは、大規模データの低コストストレージとして使われ、データサイエンスや機械学習といった探索的な分析をサポートします。一方、データウェアハウスは、高価値データを格納し、企業が利用するダッシュボードのサポートに適しています。データウェアハウスは、BIユーザーが高度に構造化されたデータにクエリを実行し、ビジネスに関するインサイトを生み出すために使用されます。

2.3.1　代表的なアーキテクチャ

　データはまず、オンプレミスデータベース、ソーシャルメディアフィードなどのさまざまなソースからデータレイクにインポートされます。インポートされたデータは、HadoopやSparkなどのビッグデータアナリティクスフレームワークで変換されます。ここでは、複数のデータセットがまとめられ、フィルタリングされて、高価値の構造化データが作られます。得られたデータはクラウドデータウェアハウスにロードされ、ダッシュボードの作成に使われます。BIアナリストが自分のなじみのツールであるSQLを使ってクエリを送れる対話的ダッシュボードもここに含まれます。さらに、データレイクは、データサイエンティストによる探索的分析やアプリケーションにフィードバックできる機械学習モデルの訓練を含むまったく新しいシナリオにも利用できます。図2-8は、モダンデータウェアハウスアーキテクチャを単純化して描いたものです。

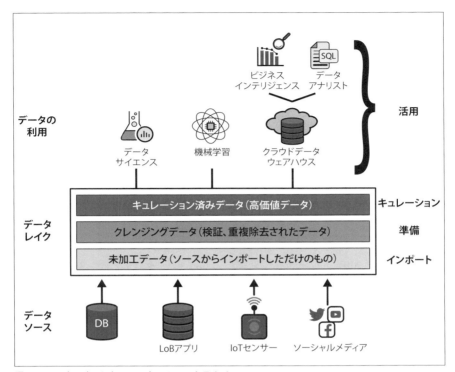

図2-8 モダンデータウェアハウスのアーキテクチャ

　ここでは当然いくつも疑問が浮かぶことでしょう。クラウドデータウェアハウスを直接使わないのはなぜか。間にデータレイクが必要なのはなぜか。構造化データしかない場合、そもそもデータレイクは必要なのだろうか。これらはよい疑問であり、私自身も言い出しそうなことです。このアーキテクチャにデータレイクが必要な理由を挙げていきましょう。

- データレイクはデータウェアハウスよりもずっと安く、長期的なデータリポジトリという役割を果たす。データレイクは一般に大容量データ（数十、数百PB）を格納するために使われるものだということを思い出しましょう。
- データレイクはデータサイエンス、機械学習関連のさまざまな新ツール、新フレームワークをサポートする。
- データレイクは新しいニーズに応じてシステムをスケールアップする能力を持

つため、将来の変化にも柔軟に対応できる「フューチャープルーフ」なシステムとなります。たとえば、最初は深夜にオンプレミスシステムのデータをデータレイクに移行し、BIユーザーにレポートを発行したりダッシュボードを提供したりするだけでも、後にリアルタイムでのデータ取り込みにも対応できるように同じアーキテクチャを拡張することが可能です。データレイクを用いたアーキテクチャにはこのような拡張性を持っています。

- あらゆる形態、構造のデータがいずれ企業にとって重要になっていくことに対処できる。現段階では、先ほど示した例のように構造化データだけを使っていたとしても、気象、ソーシャルメディアフィードといったあらゆるタイプのデータが価値を生み出すようになるかもしれません。

まだ実際に経験していなくても、データには用途によって利用パターンに違いがあることを覚えておく必要があります。データウェアハウスにデータをロードするときには、**Extract（抽出）**、**Transform（変換）**、**Load（データウェアハウスへのロード）**という **ETL** パターンを使います。ソースからデータを抽出し、データウェアハウスが望む形式にデータを変換してから、データウェアハウスに書き込むということです。それに対し、データレイクでは、**Extract（抽出）**、**Load（データレイクへのロード）**、**Transform（変換）**という **ELT** パターンを使います。ソースからデータを抽出すると、データをそのままの形でデータレイクに書き込んでから、変換をかけるのです。

2.3.2　モダンデータウェアハウスアーキテクチャのユースケース例

ここで私たちのモデル企業、クロダースコーポレーションに再登場してもらいましょう。クロダースはモダンデータウェアハウスアーキテクチャを使うこととし、運用データベースに含まれるデータのデータレイクへのロードに取りかかります。オンプレミスシステムにバックアップを格納するのを止め、毎日バックアップを作った上で、データレイクに1年分（必要ならそれ以上）のバックアップを格納するのです。自社サーバー上の運用データベースは既存のアプリケーションを実行し続けるため、会社のデータ運用の継続性は保たれます。クロダースは、それに加えてパターン分析のために雨具や冬季製品に関連したソーシャルメディアフィードのロードも検討しています。このアーキテクチャなら、リアルタイムインポートツール（Apache Kafkaなど）を使ったクリックストリームなどのデータのデータレイクへのリアルタイムロードにも対応できます。

　データセットの準備ができたら、データプラットフォームチームは、データベースダンプから得た構造化データと自社サイトのクリックストリームをApache Sparkなどのツールで処理してショッピングと売上の経時的なトレンドを示す高価値データを生成できます。データプラットフォームチームは、ソーシャルメディアフィードから雨具や冬季製品に関連するデータや購入実績も抽出できます。このアーキテクチャのもとでは、データプラットフォームチームは定期的に（たとえば毎日）雨具や冬季製品の売上トレンド、在庫/供給、自社サイトのブラウズトレンド、ソーシャルメディアトレンドに関する高価値データを生成できます。さらにこのデータをデータウェアハウスにロードして定期的に（たとえば毎日）リフレッシュすることもできます。

　データウェアハウスに格納されるデータは、特に価値の高い構造化データです。ビジネスアナリストチームは、この高価値データから前期（四半期または月）との対比で売上のトレンドを示すダッシュボードを作ることができます。営業チームはこのダッシュボードで売上のトレンドを知り、次期の目標を立てることができます。ビジネスアナリストチームは、経営陣が成長要因を理解したり、データに基づいて会社の成長戦略を立てたりできるようにするために、地域、セールスパーソンの配置、パートナー、その他の因子によってデータを分析することもできます。販促チームは、データウェアハウスに格納されたソーシャルメディアと自社サイトのブラウズトレンドに対話的クエリを送り、次のターゲットマーケティングキャンペーンを立案できます。販促チームは、キャンペーンと売上の相関を調べてキャンペーンの効果を理解することもできます。

　モダンデータウェアハウスアーキテクチャ導入のインパクトはそれだけに留まりません。クロダースは、売上、ソーシャルメディアトレンド、自社サイトブラウズトレンドなどの既存のデータセットから、各種因子の興味深い相関関係を見つけ出すデータサイエンスチームを結成できるようになります。そのような情報は、手作業の分析では容易に得られないものです。データサイエンスチームは、気象データ、スキーをはじめとする冬季レジャーに関するデータなどの新たなデータセットをデータレイクに追加し、興味深いインサイトを浮かび上がらせて経営陣に伝えることもできます。データサイエンスチームが追加したデータは、データエンジニアリングチームがデータウェアハウスにロードして、経営陣、販促/営業チームが使えるようにすることもできます。

　クロダースコーポレーションのモダンデータウェアハウスアーキテクチャは、**図2-9**のように描くことができます。

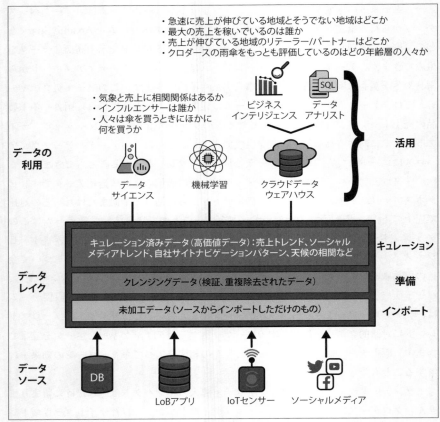

・急速に売上が伸びている地域とそうでない地域はどこか
・最大の売上を稼いでいるのは誰か
・売上が伸びている地域のリテーラー/パートナーはどこか
・クロダースの雨傘をもっとも評価しているのはどの年齢層の人々か

ビジネス
インテリジェンス

データ
アナリスト

活用

・気象と売上に相関関係はあるか
・インフルエンサーは誰か
・人々は傘を買うときにほかに
　何を買うか

データの
利用

データ
サイエンス

機械学習

クラウドデータ
ウェアハウス

キュレーション済みデータ（高価値データ）：売上トレンド、ソーシャル
メディアトレンド、自社サイトナビゲーションパターン、天候の相関など

キュレーション

データ
レイク

クレンジングデータ（検証、重複除去されたデータ）

準備

未加工データ（ソースからインポートしただけのもの）

インポート

データ
ソース

DB

LoBアプリ

IoTセンサー

ソーシャルメディア

図2-9　クロダースコーポレーションのモダンデータウェアハウスアーキテクチャの活用方法

　モダンデータウェアハウスアーキテクチャというデータレイク戦略を採用したクロダースコーポレーションは、データが示す適切なフォーカスエリアに力を注ぐことにより、顧客のニーズの拡大に合わせて自社を成長させていけます。クロダースのモダンデータウェアハウスは、従来のビジネスを維持しつつ、同時にイノベーションも生み出せるようになりました。既存のアプリケーションから段階的に新しいクラウドアーキテクチャに移行できるため、クロダースチームは熟慮を重ねながらアーキテクチャの設計、実装を進められます。

2.3.3　モダンデータウェアハウスアーキテクチャの利点と課題

　モダンデータウェアハウス戦略には、ビジネスアナリストチームが使い慣れたBIツールセット（SQLベース）を使ってデータを活用できるようにしつつ、オンプレミスのデータウェアハウスでは不可能だったデータサイエンス/機械学習絡みの新しいシナリオも実現できるという重要なメリットがあります。このメリットを生んでいるのは、主としてデータレイクです。データレイクは、BIユーザー向けのSQLベースのインターフェイスなど、従来のデータウェアハウスでおなじみの機能を維持しながら、クラウドネイティブ方法で高度なデータサイエンス/機械学習もサポートするサイロなしのデータストアとして機能します。また、データ管理者は、おなじみのアクセス制御手段を使ってデータウェアハウスへのアクセスを制御するBIチームのために、データウェアハウス内のデータに対するアクセスを切り離せます。オンプレミスで実行されていたアプリケーションをクラウドに移植することで、オンプレミスとクラウドの二重のインフラを維持する必要がなくなります。さらに、従来よりも長期にわたって売上データをデータレイクにバックアップしても、全体的なコストを引き下げられます。

　とは言え、このアプローチにも課題はあります。データエンジニアとデータ管理者は、依然としてデータレイクとデータウェアハウスという2セットのインフラを維持し続けなければなりません。あらゆる種類のデータを格納できるデータレイクの柔軟性が、課題も呼び込みます。データレイクでデータを管理しながらデータの品質を保証することは、データエンジニアとデータ管理者が新たに解決しなければならない大きな課題となります。これは従来はなかった課題です。データの管理が不適切なら、データレイクはデータスワンプ（データの泥沼）に育ってしまい、干し草の山から針を探すようにインサイトを隠してしまいます。BIユーザーや重役たちが新しいデータセットを必要とする場合、彼らはデータエンジニアにデータを処理してデータウェアハウスにロードしてもらわなければなりませんが、そうするとクリティカルパスができてしまいます。さらに、データサイエンティストがデータウェアハウスに面白いデータがあるのを見つけ、探索的分析でも使いたいと思った場合、そのデータをデータレイクに逆ロードすることになります。すると、データストアだけでなくデータ形式も異なるものを使うようになるため、データ共有の複雑さが増します。

2.4　データレイクハウスアーキテクチャ

データレイクハウス（data lakehouse）は、Databricks（https://oreil.ly/QKOFk）が広めた言葉で、おそらくこの分野でもっとも流行った業界用語でしょう。451 Research社のマラフ・パレク（Malav Parekh）のブログ記事（https://oreil.ly/tirbC）によれば、AmazonがRedshift Spectrum（https://oreil.ly/w-jLa）をリリースしたときに「レイク」（湖）と「ハウス」（家）の間のスペースとして**レイクハウス**（lake house）という言葉を使ったということです。そして、2020年1月にDatabricksのブログ記事（https://oreil.ly/mDtEN）がデータレイクハウスをデータレイクとデータウェアハウスの最良の要素を結合した**新しいオープンアーキテクチャ**と述べたときから、この言葉は業界内に加速度的に広まりました。

2020年のData + AI Summit（https://oreil.ly/vccdT）のキーノートスピーチでアリ・ゴーツィ（Ali Ghodsi）がデータレイクハウスを新しいパラダイムとし、Delta Lakeの紹介をしたときのことは鮮明に覚えています。Delta Lakeについてのセッションは複数ありましたが、その会場に入ろうとする人々がカンファレンスホールの廊下で長い長い行列を作っていました。この新しいパラダイムの主張を支えたのは、データレイクハウスアーキテクチャの人気とエコシステムの拡大です。

データレイクハウスアーキテクチャは、単純に2つの機能を組み合わせた単一プラットフォームと説明することができます。

- アナリティクス、データサイエンス、機械学習のためのデータレイク
- SQLによる対話的クエリとBIのためのデータウェアハウス

つまり、データレイクでSQLとBIのシナリオを実行できるということです。これは次の3つの理由から非常に魅力的な提案です。

- データレイクはデータウェアハウスよりも大幅に低コストなので、レイクハウスはコスト効果が高くなる。
- データレイクからデータウェアハウスへのデータの移動やコピーが不要になる。
- 体験とプラットフォームの分割がなくなるため、データサイエンティストとBIチームがデータセットを好きなだけ共有できる。

2.4.1　代表的なアーキテクチャ

　データレイクハウスアーキテクチャを単純化して描くと、**図2-10**のようになります。同じプラットフォームの上で**すべてのシナリオ**（BIとデータサイエンス）を実行するようになることに注意してください。クラウドデータウェアハウスが不要になっているのです。

　では、データレイクでBIを実行するという選択肢があるのなら、なぜ最初からそうしなかったのでしょうか。単純に答えるなら、データレイク自体はBIをサポートするように作られていなかったからです。レイクハウスが現実のものとなったのはさまざまなテクノロジーのおかげです。データウェアハウスは、クエリをより高速に処理し、結合（join）や集計（aggretage）などの複雑なクエリをサポートするために高度に構造化されたデータを必要としているのに対し、データレイクは非常にスケーラビリティの高いオブジェクトストレージサービスで、データの構造に前提条件を設けないことを思い出してください。

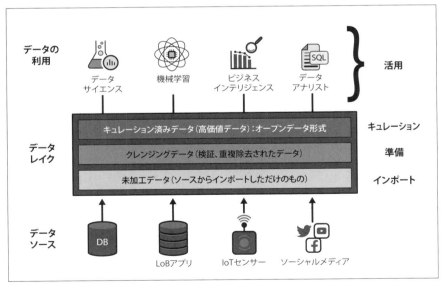

図2-10　データレイクハウスのアーキテクチャ

　では、アーキテクチャを詳しく見ていきましょう。データウェアハウスには、次のような利点があります。

スキーマの定義と強制

スキーマ（schema）の本質は、データベース内のデータの構造と型の定義です。データウェアハウスは高度に構造化されたデータを操作しますが、それはデータを書き込む時点でそのような構造を定義し、構造に従うことを強制する必要があるということです。これは**スキーマオンライト**（schema on write）とも呼ばれます。たとえば、テーブルの年齢フィールドは整数でなければならないと定義できます。定義に逆らって整数以外の値を書き込もうとするとエラーになります。

ACID準拠のトランザクション

データウェアハウスは、トランザクションがACID準拠になることを保証します。ACIDとは、ウェアハウスに格納される高価値データの完全性を保証するために必要不可欠なトランザクションの性質のことです。このデータは会社の収益や業績に影響を与える重要なオペレーションで使われるクエリやダッシュボードの基礎なので（たとえば、売上予測ダッシュボードは会社の収益目標を左右します）、その完全性はきわめて重要です。ACIDに含まれる4種類の性質は次に示す通りです。

原子性（Atomicity）

トランザクション完了時に、トランザクション全体が1つの単位として成功したことが保証されることです。たとえば、クエリで顧客の詳細情報として名前、年齢、住所、予想収入を返すように要求したとき、年齢と住所だけではなく、すべての詳細情報が返されていることが保証されます。

一貫性（Consistency）

データの整合性を保つためのすべてのルールが守られていることを検証し、ルールを守っているデータだけが書き込みを認められることです。検証に失敗すると、データベースはトランザクションを実行する前の状態にロールバックします。たとえば、データベースに新しい顧客レコードを追加しようとしたときに、名前と年齢は正しくても住所情報に問題があれば、トランザクション全体が失敗します。

独立性（Isolation）

複数のトランザクションが同時に実行されるときに、ほかのトランザクションの影響を受けないことです。たとえば、2人のユーザーがデータベースに同じ顧客の情報を追加しようとしたとき、最初のユーザーの操作は成功しますが、第2のユーザーの操作は、顧客データがすでにあるという理由でエラーになります。

永続性（Durability）

トランザクションに成功したら、そのデータが失われないことを保証することです。たとえば、データベースへの顧客情報の追加に成功したら、停電したりハードウェアが故障したりしても、追加した顧客データは影響を受けないことが保証されます。

SQLのための最適化

BI/データアナリストのほとんどのツールとエコシステムはSQLを前提として作られており、データウェアハウスはこれらのシナリオをサポートするためにSQL用に最適化されています。

データレイクには、次のような利点があります。

非構造化データの格納と処理

データサイエンス、機械学習に関連した新しいシナリオの大半は、非構造化データの処理を必要とします。データレイクは、データの構造やスキーマについて前提条件を設けません。スキーマは、データレイクからデータを読み出すときに定義します。

低コスト

データレイクは低コストで入手できるように高度に最適化されたストレージシステムであり、コストの増加を気にせずに必要なだけのデータを格納できます。

充実したデータ管理

　　今まで示してきたように、データレイクはストレージのティアリング、データ
　　レプリケーション、データ共有機能などのデータ管理を支援する多彩な機能を
　　提供しています。

　データレイクとデータウェアハウスを1つのアーキテクチャにまとめるというアイ
デアは魅力的ですが、データレイクの長所はデータウェアハウスの短所、データウェ
アハウスの長所はデータレイクの短所なので、このことがレイクハウスアーキテク
チャの誕生を遅らせてきました。

　しかし、企業のデータレイクの採用が進み、データレイク上で実行されるシナリ
オが増えた結果、マインドシェアが健全に成長し、データレイクハウスを現実のも
のとする主要なテクノロジーの開発を後押ししました。そのようなテクノロジー
としては、Databricks が開発した Delta Lake（https://delta.io）、Netflix が開発し
た Apache Iceberg（https://iceberg.apache.org）、Uber が開発した Apache Hudi
（https://hudi.apache.org）などが挙げられます。

　これらはテクノロジー自体としては別々のものであり、異なる視点から問題に向
き合っていますが、共通点が1つあります。これらはデータレイクに格納される**デー
タ形式を定義した**のです。データレイク上でデータウェアハウスが保証する機能
（ACID 準拠、メタデータ処理、スキーマの強制と発展）を提供するための基礎を築い
たのは、このデータ形式です。

　これらは次に示す3つのコンポーネントでこれを実現しました。

- オープンなファイル形式
- データを定義するメタデータ層
- 上記のファイル形式とメタデータ層を認識するコンピューティングエンジン

　これらは以上の3つのコンポーネントにより、データレイクにオブジェクトやファ
イルとして格納されている非構造化データに表形式（テーブル）という新しい論理的
な形を与えたのです。ここで、**テーブル**と言っているのは、**図2-11**に示す論理行と
論理列にまとめられたデータのことです。

データレイクアーキテクチャを実現するためには、Apache Iceberg、Delta Lake、Apache Hudi などのオープンデータテクノロジーの中のどれかと、これらが提供するデータ形式を理解して守るコンピューティングフレームワークを採用しなければなりません。クラウドプロバイダは、データレイクハウスのアーキテクチャと運用を簡単に実現できるツールセットやサービスの開発を進めています。特に注目すべき例として、データのインテグレーションとオーケストレーションのために AWS Glue（https://aws.amazon.com/glue）、クラウドデータレイクストレージとして Amazon S3（https://aws.amazon.com/s3）、BI ユーザーが使い慣れた標準 SQL で S3 のデータにクエリを送るために Amazon Athena（https://aws.amazon.com/athena）を使ってデータレイクハウスの実装を単純化する AWS サービスの組み合わせが挙げられます（https://oreil.ly/oVDbT）。

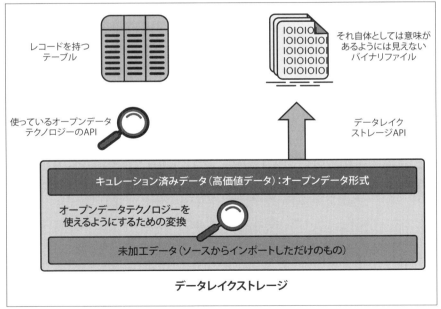

図2-11　オープンデータテクノロジーとレイクハウスのアーキテクチャ

2.4.1.1　データ形式

　データレイクハウスアーキテクチャではデータ形式が重要だということはすでに強調してきましたが、それはなぜなのでしょうか。データウェアハウスのデータの完全性は、先ほど示したようにしっかりと保証されています。データレイクのデータに対しても同じような保証を実現するためには、データが少数の重要なルールに従うようにすることが大切になります。たとえ話になりますが、小学校の子どもたちは、教室では学習に適した環境を作るために最小限のルールに従わなければなりませんが、公園では好きなだけ走り回り、遊具を試せます。では、公園に教室を作らなければならないとすればどうするでしょうか。オープンデータ形式は、非構造化環境（データレイクストレージ）でもデータが一定のルールに縛られるようにしようという試みなのです。

　データ形式がレイクハウスアーキテクチャで重要な理由は次の通りです。

- 格納されるデータは**スキーマに従わなければならない**。スキーマはメタデータ（データセットの表構造を記述するデータ）によって定義されます。ここで言う**スキーマ**は、データの表現、または記述の定義のことです。
- 格納されるデータは**クエリのために最適化されていなければならない**。主として SQL 的なクエリを使う BI のユースケースをサポートするためには特にこれが必要となります。データウェアハウスに匹敵するクエリパフォーマンスをサポートするためには、この最適化が必要不可欠です。

　これらの要件を満たすことで、すばらしい副産物を得られます。データを大きく圧縮できることが多くなり、ハイパフォーマンスと低コストを同時に実現できるのです。

　データレイクアーキテクチャでは、Delta Lake、Apache Iceberg、Apache Hudi などの専用データ形式が使われますが、これらの詳細については **6章**で説明します。これらはすべて Apache Parquet（https://parquet.apache.org）という基本データ形式から派生しています。Apache Parquet は、Apache Hadoop エコシステムが使っている列指向のデータ形式（columnar data format、カラムナデータ形式）です。

　ここで少し寄り道をして、**列指向のデータ形式**とは何かを説明しておきましょう。表形式のデータを話題にするときには、**図2-12**に示すようにデータは行と列によってまとめられます。このデータをデータレイクにどのように格納するかと言われて直

感的に考えるのは、レコード単位、つまり1行のデータをまとめて格納するという方法でしょう。それに対し、列指向のデータ形式ではデータは列単位で格納されます。同じ列にあるよく似た値をまとめて格納するのです。Apache Parquetのような列指向データ形式の圧縮率が上がるのは、よく似た値をまとめるからです。同じデータが行指向の形式と列指向の形式でどのように格納されるかを描くと、**図2-12**のようになります。

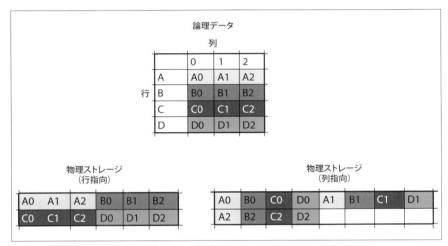

図2-12　行指向データ形式と列指向データ形式

　Apache Parquetについては、**4章**でもっと詳しく説明します。オープンデータテクノロジーは、ベースのデータ形式としてApache Parquetを使うことによって、クエリの最適化のためにApache Parquetの圧縮効果を活用するのです

2.4.1.2　メタデータ

　メタデータは「データについての情報」を意味し、データの内容、起源、特性などを詳細に説明します。たとえば、1,000行の表を100行ずつ10個のチャンクに分けて格納している場合、各チャンクにはその中身が何行目から何行目かを示すメタデータ（例：101〜200行目）が割り当てられ、これは通常、A-Bのような名前の列に保存されます。さらに、テーブルレベルで、各チャンクへの参照を指すメタデータも作成され、これによって全体のデータ構造とそれぞれの部分がどのように結びついているか

が明確になります。

　このメタデータは、エンドユーザーにとってはあまり重要な意味を持ちませんが、データを操作するコンピューティングエンジンにとっては非常に重要な意味を持ちます。コンピューティングエンジンはメタデータを読み、それに基づいて適切なデータをフェッチします。Apache Iceberg、Delta Lake、Apache Hudiなどのテクノロジーはそれぞれ独自のメタデータを持っており、それを使って異なるParquetファイルにデータがどのように整理、格納されているかを判定し、更新しようとしているデータがどれかを突き止めます。実際にデータを更新する際、データの完全性と整合性を維持するため、そして特定のシナリオに適したコンピューティングエンジンの最適化を図るために、メタデータを活用してコンピューティングエンジンとの間でハンドシェーク（情報のやり取り）を行います。これにより、更新プロセスがスムーズに進み、データの正確性が保たれます。

　Apache Iceberg、Delta Lake、Apache Hudiはどれも優れたテクノロジーですが、それぞれ特定の目的を念頭に置いて設計されており、自分たちのアーキテクチャを設計するときにはそれを考慮すべきです。DatabricksのDelta Lakeは、データレイク上で高性能のSQLクエリを実行できるよう最適化されています。このシステムは、クエリの実行に必要なデータのみを効率的に読み取るために、インテリジェントなデータスキッピング技術を用いています。この技術はメタデータを活用しており、不必要なデータの読み取りを避けることでクエリのパフォーマンスを向上させます。Uberが開発してオープンソース化したApach Hudiは、主としてデータの差分更新をサポートするとともに、列指向形式で高速なクエリを実現することを目的として設計されています。Netflixが開発してオープンソース化したApache Icebergは、データセットのリフレッシュをサポートする（たとえば、S3のような追記専用のストレージシステムで既存データの更新をサポートするなど）とともに、Apache Spark、Trino（PrestoSQL）、Apache Hive、Apache Flinkといったさまざまなコンピューティングエンジンによる読み出しをサポートする（程度に差はありますが）ことを目的として設計されています。

2.4.1.3　コンピューティングエンジン

　ストレージとコンピューティングが1つのサービスとして最適化されて提供されているデータウェアハウスとは異なり、データレイクハウスでは、データ形式とメタデータによるデータストレージの最適化を活用するために適切なコンピューティングエンジンの選択が必要です。具体的には、表形式で最適化されて格納されたデータを

効率的にクエリするためには、その表形式のデータを適切に読み取ることができるコンピューティングエンジンが求められます。

たとえば、Databricks の Delta Lake の場合、そのコンピューティングエンジンである専用 Spark エンジンは、Delta テーブルの操作のために最適化され、キャッシングとブルームフィルタインデックスによる効果的なデータスキッピングによってパフォーマンスをさらに上げています。エンジンについては、**6章**で詳しく説明します。

2.4.2　データレイクハウスアーキテクチャのユースケース例

クロダースは、運用データベースのデータをデータレイクストレージにロードして、データレイクを使うことにしたのはモダンデータウェアハウスアーキテクチャのときとほぼ同様です。このアーキテクチャが業務にどのような影響を与えるかを詳しく見ていきましょう。

データプラットフォームチームは、データベースダンプと自社サイトのクリックストリームから作った構造化データを Apache Spark のようなツールで処理してショッピングと売上の経時的なトレンドを示す高価値データを生成できるようになります。データプラットフォームチームは、ソーシャルメディアフィードから雨具や冬季製品に関連するデータや購入実績も抽出できます。

では、抽出されたデータはどのように処理されるのでしょうか。データプラットフォームチームは定期的に（たとえば毎日）雨具や冬季製品の売上トレンド、在庫/供給、自社サイトのブラウズトレンド、ソーシャルメディアトレンドに関する高価値データを生成できます。ビジネスアナリストチームは、データウェアハウスにデータをロードすることなく、SQLベースの使い慣れたツールや Presto などの新しいツールでこのデータにクエリを送れるようになります。モダンデータウェアハウスの場合と同じように、データサイエンスチームは気象データなどの独自データセットを追加したり、データレイクにすでにあるデータを使ってデータの相関を探索できるようになります。

データレイクハウスには、モダンデータウェアハウスとは異なり、同じデータを2箇所に格納しなくて済むという大きなメリットがあります。データサイエンスチームが気象データなどの新しいデータセットを使って売上と気象の相関関係を示す新しいデータセットを作ったとします。誰もが同じデータストアを使い、おそらくデータ形式も同じになったので、ビジネスアナリストチームはこのデータで今までよりも深い分析を進められるようになります。同様に、ビジネスアナリストチームが特別な方法でフィルタリングしたデータセットを作ったら、データサイエンスチームもそのデー

タセットを自分たちの分析のために使えるようになります。

　これがどのような意味を持ち、どのようなインパクトを与えるかについて、少し時間を使って考えてみましょう。データプラットフォームの異なるコンシューマーの間でインサイトの相互共有が推進されるため、データ利用のシナリオが爆発的に増えます。サイロなしの共通プラットフォームができるため、BIアナリストとデータサイエンティストが生み出したデータが双方のさらなるイノベーションのために活用され、クロダースにとってのデータの価値が数倍に跳ね上がります。クロダースコーポレーションのデータレイクハウスアーキテクチャを図にすると、**図2-13**のようになるでしょう。

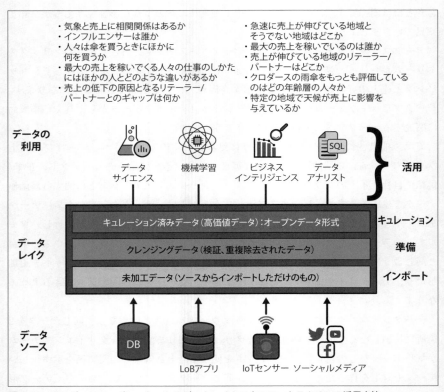

図2-13　クロダースコーポレーションのデータレイクハウスアーキテクチャの活用方法

2.4.3　データレイクハウスアーキテクチャの利点と課題

　データレイクハウスには、データサイエンス/機械学習の探索的なシナリオとともに、データレイク上で直接高性能のBI/SQLベースのシナリオを実行できるという重要なメリットがあります。ユースケースでも示したように、これはデータプラットフォームのさまざまなセグメントのユーザー間での情報共有を促進し、新しいシナリオの誕生も促します。そして、データレイクハウスはデータウェアハウスと比べてコスト効果が非常に高くなります。

　とは言え、このアプローチにも課題はあります。アーキテクチャの節でも説明したように、データレイクハウスを作るときには、最高速の最適化されたソリューションを実現するために適切なデータ形式とコンピューティングエンジンの組み合わせを慎重に選ばなければなりません。計画が適切でなければ、**4章**で示すようにさまざまな問題が生まれます。データウェアハウスなら、このような最適化は最初から提供されますが、本当の意味でオープンではありません。私には未来予知の能力はありませんが、データレイクハウスアーキテクチャは非常な勢いで開発が進められているので、次々にイノベーションが起き、数年のうちにエンドツーエンドの単純化された体験が実現するのではないかと思っています。

クラウドデータレイクハウスへの発展

Dremio Corporation（https://www.dremio.com）の共同創設者兼CPOのトマー・シラン氏に聞く

　クラウドデータレイクハウスアーキテクチャへの発展は、クライアントサーバーからマイクロサービスアーキテクチャに発展したクラウドアプリケーションとさまざまな点で似ています。データレイクハウスには、サイロ化したデータレイクとデータウェアハウスの間の壁を叩き壊すという非常に明確な特徴があります。最初のうちは必要なスキルと技術的な複雑度のために壊そうとしている壁の高さは高く、ツールのエコシステムも整備されていませんでした。しかし、マイクロサービスと同様に、この分野におけるデータレイクハウスでは次々にイノベーションが起きており、壁はどんどん低くなる一方です。私はこのテーマについてDremio Corporationの共同創設者兼CPO（最高プロダクト責任者）のト

マー・シラン（Tomer Shiran）氏と面白い対話を交わしました。ここでその成果をご紹介したいと思います。

　数十年前、コンピューティングとストレージが一体化していたモノリシックなオンプレミスデータウェアハウスのアーキテクチャは、コンピューティングとストレージを分離した形に発展しました。これにより、クラウドデータウェアハウスはコンピューティングとストレージを効率よく別々にスケーリングできるようになりましたが、まだクローズドシステムのままでした。それでも、この分割により、多くの人々のペインポイントが解決され、クラウドデータレイクの基礎が築かれました。図2-14に示すように、クラウドデータレイクは複数のコンピューティングエンジンが同じデータを処理できるオープンなエコシステムを実現できるようにしました。過去の50年間、データはコンピューティングエンジンに与えられるものでしたが、現在のクラウドデータレイクとデータレイクハウスの世界では、データはアーキテクチャの中での市民権を確立し、以前とは逆にエンジンの方がデータにアプローチしてきます。このシフトにより、異なるベンダーが作ったコンポーネントでソリューションを組み立てるという考え方が生まれ、1つのベンダー以外使えないというロックイン（抱え込み）の世界から抜け出せるようになりました。今日、データレイクが数億ドルもの市場規模を持つようになったのは、クラウドのおかげです。クラウドにより、インフラはどこにいても使え、弾力的にスケーリングできる存在になりました。データがユビキタス（どこからでもアクセスできる遍在的な存在）になったのです。現在では、データは成長の主な原動力として企業にとってとても重要な存在になっています。

　オープンデータ形式は、資産としてのデータの完全性を維持しながらオープンデータアーキテクチャを実現しつつあります（最初のうちは、クラウドオブジェクトストレージの欠点のために実現できませんでしたが）。オープンデータ形式は、コミュニティが協力して製品に改良を加えていくオープンソーステクノロジーも育ててきました。クラウドデータレイクハウスは、本質的にはデータウェアハウス2.0です。

　アーキテクチャのシフトではいつもそうですが、最初は難問山積でも時間がたつとともに問題解決は簡単になっていきます。メインフレームからクライアントサーバーへ、クライアントサーバーからマイクロサービスへの移行もそうでした。明確な特徴があれば、業界は関連ツールを作る力を上げていき、誰もが取り入れやすいものが作られるようになります。最初にクラウドデータレイクハウス

を使っていたのは最先端のIT企業だけでしたが、今はデータレイクハウスアーキテクチャを単純化するために多くの企業が力を合わせるようになり、大企業がクラウドデータレイクハウスを採用するようになってきています。こういった大企業はITの最先端を走るような存在ではありませんが、大きいだけに正しい問題に取り組めるチームを抱えています。それだけに留まらず、データアナリストやデータエンジニアがわずかしかいない企業でも、意欲的なところはデータレイクハウスを採用し始めています。参入障壁は日に日に下がってきており、データベースサービスを使うのと同じぐらい簡単に使える状態になることが射程に入ってきています。

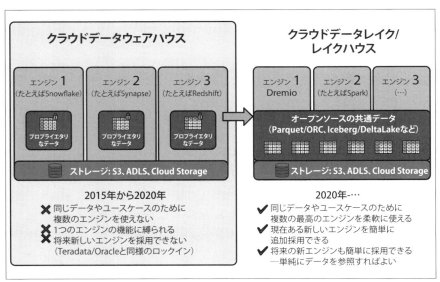

図2-14　クラウドデータウェアハウスからクラウドデータレイクハウスへの発展（Dremio Corporation CTO トマー・シラン氏による）

2.4.4　データウェアハウスと非構造化データ

　データレイクがデータウェアハウスのシナリオをサポートできるようになるなら、データウェアハウスもデータレイクのシナリオをサポートできるようになるのでしょうか。驚くべきことに、答えはイエスです。前節で取り上げたAzure

Synapse Analytics は、Spark、機械学習、SQL に対して統一的なデータプラット
フォームを提供します。Google BigQuery は非構造化データの格納をサポートし、
ネイティブで Parquet サポートを提供するだけでなく Cloud Storage に格納された
データへのクエリもサポートします。Snowflake も、最近非構造化データサポート
（https://oreil.ly/bfI-Y）を立ち上げました。データレイクがデータウェアハウスを
サポートするかその逆かにかかわらず、現在のイノベーションは統一的なデータプ
ラットフォームのニーズがあることを鮮明に示しており、これからはサイロのない
データプラットフォームの時代になります。

2.5　データメッシュ

　データメッシュアーキテクチャ（data mesh architecture）は、2019年にThoutworks
社の新技術担当重役ザマク・デガニ（Zhamak Dehghani）氏が書いたデータメッシュ
についての論文（https://oreil.ly/sIr1J）です。分権的な形でデータインフラストラ
クチャとオペレーションを実行できるようにして、社内全体でデータをよりアクセス
しやすく、インサイトを得やすくすることを目的としたアーキテクチャです。この分
権化されたデータメッシュが大切にしているポイントを見ていきましょう。

　今までは、企業のデータとインテリジェンスの中央リポジトリとしてのデータレイ
クについて説明し、これからの道だと述べてきました。データレイクは、アーキテク
チャとしては中央で管理されるインフラストラクチャです。では、社内でデータレイ
クを設計、運用可能にするチームのことを考えてみましょう。データの抽出と処理は
データプラットフォームチーム、データインフラストラクチャチーム、データエンジ
ニアリングチームといった名前の中央集権的なチームによって管理されます。この
節では、このチームのことを**共通データプラットフォームチーム**と呼ぶことにしま
しょう。

　共通データプラットフォームチームは、一般に次のような役割を担います。

データプラットフォームのアーキテクチャリング
　　会社のニーズに応えるコンピューティング、ストレージコンポーネントのイン
　　フラの設計

データ管理

クラウド上のデータセットの整理、デー保持/データレジデンシー（データの居住地・所在地）をめぐる会社のコンプライアンスニーズを満たすためのデータ管理方針の適用

データガバナンス

データにアクセスできるユーザーの管理、データプラットフォームを使う人々が使いたいデータセットを探すために使うカタログの提供、監査証跡の管理

データインポート

一般にオンプレミスシステム、IoT、その他各種ソースからのデータのインポートを担当。データを活用できる状態にするための準備作業まで担当する場合がある。データレイクのコンシューマーにインポートを委託する場合もある。

つまり、データインフラストラクチャは中央のチームが管理するモノリシックなユニットであり、社内のほかの部門は、BI、データサイエンス、その他の活用だけに力を注いでいたわけです。しかし、データを使うシナリオが増え、会社が大きくなると、一般に少人数で構成される共通データプラットフォームチームは簡単に全社からの要求の中に埋没してデータのクリティカルパスとなり、ボトルネックを生じさせます。

データメッシュアーキテクチャは、データを収集/処理しなければならない資産/モノではなく、社内で共有できるプロダクトとして考えるというカルチャーシフトを要求します。

このカルチャーシフトにはどのような意味があるのでしょうか。それについては、ザマク・デガニの著書『Data Mesh』（O'Reilly）を引用したいと思います。

- **組織的**には、データのことをすべて扱う中央のデータプラットフォーム部門を置く形から、すべての部門にデータのニーズを担当するスペシャリストを配置して分権化する形にシフトする。
- **アーキテクチャ的**には、中央に大規模なデータウェアハウスかデータレイクを置くモノリシックな形から、分散化されたデータレイクとデータウェアハウスのメッシュを作る形にシフトする。メッシュは、社内でデータとインサイトを共有するために、以前と同様にデータの単一の論理表現を提供する。
- **技術的**には、データを別個のエンティティ、プラットフォームとして考える形から、データとビジネスコードを1つのユニットとして扱う統合ソリューショ

ンを持つ形にシフトする。

- **運用的**には、データガバナンスを中央集権モデルから連邦型モデルへとシフトし、トップダウンの指示から脱却する。これにより、各ビジネスドメイン（部門）が企業の方針を自ら管理し、遵守する体制に移行する。
- **全体として**、データを収集すべき資産として扱う形から、ユーザーのために奉仕し、ユーザーを喜ばせるプロダクトとして扱う形にシフトする。

2.5.1　代表的なアーキテクチャ

データメッシュは、ドメインから構成される分散アーキテクチャです。個々のドメインは、データとデータのためのストレージ、コンピューティングコンポーネントの独立した単位になります。社内にさまざまなプロダクトチームがある場合、個々のチームはそれぞれが責任を持って運営、統制するドメインを持ちます。ドメインの職務と職責は次のようなものです。

- 中央の共通データプラットフォームチームは、コンピューティング、ストレージ、データコンポーネントのアーキテクチャについての青写真的な基準パターンを作成し、メンテナンスします。
- プロダクトチームは青写真を形にしてそれぞれのドメインを運営します。

これは、プロダクトチーム/ドメインが自分で選んだインフラストラクチャやテクノロジーを使えるということです。たとえば、AWS上のレイクハウスアーキテクチャを使うユニットもあれば、Microsoft Azure上にモダンデータウェアハウスアーキテクチャを実装するユニットもあるわけです。それでも、ユニット間ではデータとインサイトを共有できるようにします。ここでの重要な原則は、データとインサイトの共有を推進するサイロのない論理データレイクの原則に従い、コンプライアンスとガバナンスが認める範囲内で、社内全体がドメイン内のデータを共有することです。データメッシュアーキテクチャは、**図2-15**のように描くことができます。

2.5.2　データメッシュアーキテクチャのユースケース例

クロダースコーポレーションのシステムは、ソフトウェアプロダクトとチームが小さい間は快適に実行できていましたが、会社が進出地域を増やし、チームと組織が成長してくると、中央のデータプラットフォームはニーズの拡大に追いつけなくなってきました。さらに、クロダースコーポレーションは異なるテクノロジースタックを抱

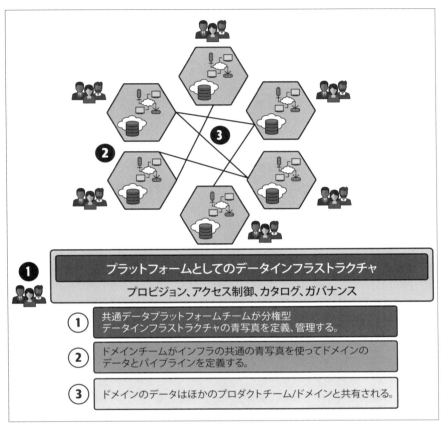

図2-15　データメッシュアーキテクチャ

える他社を買収したため、そのシステムを1つのユニットとして統合するのは困難になりました。そこで、中央でデータプラットフォームを担当するアリスのチームは、データメッシュアーキテクチャを実装することにしました。

　中央の共通データプラットフォームチームは、ドメインのセットアップを自動化するデプロイ、システム構成スクリプトとともに、新たなアーキテクチャをドメインに対して発表し、データガバナンス、コンプライアンス、データ共有のためのインフラを構築しました。クロダースコーポレーションには、自分のドメインを立ち上げ、社内の他部門とインサイトを共有する営業、販促、カスタマーサクセスチームがあります。営業チームは運用データベースを多用するためモダンデータウェアハウスアーキ

テクチャがニーズに合うと考え、カスタマーサクセスチームは内部のBI、データサイエンスチームの両方にとって役立つ多様なデータソースを抱えているためレイクハウスアーキテクチャの方が有効だと考えています。クロダースコーポレーションはデータメッシュパターンを採用したので、データ共有を推進し、統一的なデータプラットフォームの機能を維持しながら、ドメイン（社内各部門および提携先）にアーキテクチャを選択する自由を与えられます。さらに、クロダースコーポレーションが買収した企業も、少し修正を加えるだけで既存のデータレイクを使い続けられます。冬季製品のラインアップの拡充を検討するときには、提携先のスキー用具会社とインサイトを共有し、提携関係を有効に活用するために、データメッシュアーキテクチャを拡張できます。クロダースコーポレーションは急成長を遂げ、欧州に進出しようとしていますが、欧州にはデータレジデンシーなどでアメリカとは異なる独特のコンプライアンス要件があります。しかし、EU専用のドメインをセットアップすれば、開発やアーキテクチャ変更のために莫大な労力を注がなくても、EUI固有の要件を満たせるようになります。さらに、クロダースコーポレーションが他社を買収したときには、買収した会社のデータプラットフォームを既存のデータメッシュのドメインとして組み込めます。クロダースコーポレーションのデータメッシュアーキテクチャを図にすると、図2-16のようになります。

2.5.3　データメッシュアーキテクチャの利点と課題

　今までの節で説明してきたように、データメッシュには、インフラストラクチャとシナリオの規模拡大だけでなく、企業のデータカルチャーのシフトを支援するというユニークな特徴があります。ユースケースで示したように、データメッシュアーキテクチャには次のようなメリットがあります。

- 企業の成長やデータの多様性の拡大に合わせて拡張できる分権型のアーキテクチャを実現する。
- ドメインにアーキテクチャやプラットフォームの選択権を与える柔軟性を提供する。
- 小さなチームの職務としてではなく、会社全体のカルチャーとしてデータ重視の姿勢を推進し、ボトルネックを解消する。

　しかしながら、このアプローチにも課題はあります。最初の大きな問題点として、個々のプロダクトチームに優秀なソフトウェア開発者をそれぞれ配置する必要があ

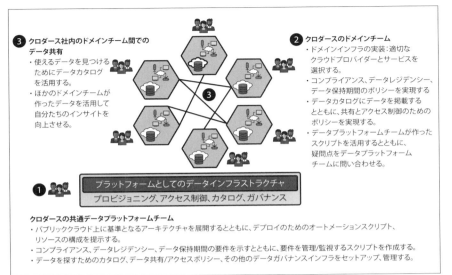

❸ クロダース社内のドメインチーム間での データ共有
・使えるデータを見つける ためにデータカタログ を活用する。
・ほかのドメインチームが 作ったデータを活用して 自分たちのインサイトを 向上させる。

❷ クロダースのドメインチーム
・ドメインインフラの実装：適切な クラウドプロバイダーとサービスを 選択する。
・コンプライアンス、データレジデンシー、 データ保持期間のポリシーを実現する
・データカタログにデータを掲載する とともに、共有とアクセス制御のための ポリシーを実現する。
・データプラットフォームチームが作った スクリプトを活用するとともに、 疑問点をデータプラットフォーム チームに問い合わせる。

プラットフォームとしてのデータインフラストラクチャ
プロビジョニング、アクセス制御、カタログ、ガバナンス

❶ クロダースの共通データプラットフォームチーム
・パブリッククラウド上に基準となるアーキテクチャを展開するとともに、デプロイのためのオートメーションスクリプト、 リソースの構成を提示する。
・コンプライアンス、データレジデンシー、データ保持期間の要件を示すとともに、要件を管理/監視するスクリプトを作成する。
・データを探すためのカタログ、データ共有/アクセスポリシー、その他のデータガバナンスインフラをセットアップ、管理する。

図2-16　クロダースコーポレーションのデータメッシュアーキテクチャの活用方法

ることです。常にそのような理想的な体制を維持するのは難しいでしょう。第2に、
データレイクアーキテクチャの本来の複雑さに加え、分散化によるさらなる複雑性の
増加です。もっとも、経営陣にとって、このアーキテクチャは会社を成功に導くため
の投資と考えられます。データメッシュの人気は急速に伸びており、デプロイと管理
の簡素化に向けてイノベーションが進むことが期待されます。

2.6　自分にとって適切なアーキテクチャは何か

　この章では、広く使われている3種類のクラウドデータレイクアーキテクチャを説
明してきました。

- 企業の間で主流になっているモダンデータウェアハウスアーキテクチャ
- データレイクでBIを直接実行できるようにするデータレイクハウスアーキテ クチャ
- クラウドデータレイクの管理運用を分権化するデータメッシュアーキテクチャ

　どのアーキテクチャを選択すればよいかはどうすればわかるのでしょうか。その選択が正しいことはどうすれば確かめられるのでしょうか。これらは本書を読み進めるうちにいずれ学ぶことですが、正しい方向に進むために役立つ基本原則がいくつかあります。

2.6.1　顧客を知る

　どのようなプロダクトでもそうですが、まず顧客セグメントを明らかにした上で、達成しなければならない目標を挙げて優先順位順に並べます。会社のニーズ次第ですが、次のような顧客セグメントを相手にしていくことになるはずです。

BI/データアナリスト
　　　彼らのためには、データレイクから分析対象のデータセットを準備します。このニーズは、さまざまなソースからデータをインポートし、BIユーザーが必要とするデータセットを準備して生成するジョブを決められた周期で実行すれば実現できます。

データサイエンティスト/探索的分析を行うアナリスト
　　　彼らのためには、分析用データセットを作れるようにするためのインフラストラクチャを準備します。オプションで既知のソースからのインポートを管理したり、データレイクで直接データセットを提供したりしてもよいでしょう。

　私のある顧客企業は、以前からのデータウェアハウスを稼働させ続けながら、データサイエンティストのためにデータレイクの利用を始めました。この会社には技術的負債や既存システムとの互換性の問題はないので、フレッシュな状態でデータレイクをスタートさせて最初のシナリオをサポートしました。別の顧客企業は、BIユーザーのニーズを満たすところからデータレイクの利用を始めました。この場合、目標は既存パイプラインのサポートを維持しながら、新しいシナリオをサポートするようにデータインフラストラクチャをモダナイズすることだったので、ある程度のアーキテクチャ変更は許容範囲でしたが、優先事項は既存システムの維持でした。さらにまた別の顧客企業は、オンプレミスシステムを稼働し続けながら、フェイルオーバーのためにデータレイクを使おうとしていました。この場合、クラウドアーキテクチャはオンプレミスシステムのレプリカでなければならなかったので、あとでシステムのモダナイズを考えるようになるでしょう。あなたのニーズはこの3種類のどれかに当ては

まるかもしれませんし、まったく違うかもしれません。しかし、つきつめて言えば、第一歩は顧客（利用者）を知ることです。顧客企業の担当者や重役と話をして、その会社における現在のデータの役割を理解し、彼らに可能性を示すようにしましょう。

2.6.2　ビジネスドライバーを知る

新しいテクノロジーは魅力的であり、だからこそ私はこの仕事を続けているのですが、テクノロジーは目的のための手段であり、あらゆる判断は会社が解決しようとしている問題に根ざしたものでなければならないということを私たちは忘れてはなりません。企業がクラウドデータレイクを導入するビジネスドライバー（課題）はさまざまです。その一部を見てみましょう。

コスト
　クラウドデータレイクに移行すればTCOは確実に削減されます。私の経験では、企業がクラウドデータレイクに移行する最大のビジネスドライバーの1つは依然としてコストです。アーキテクチャを決めるときには、クラウドデータレイクへの移行によりコスト削減の目標がどれだけ達成できるかを必ず考えるようにしましょう。

新しいシナリオ
　一部の企業はすでにデータインフラストラクチャを持っていても、ビジネスとプロダクトの差別化のために、機械学習やリアルタイムアナリティクスなどの新しいテクノロジーのエコシステムを活用するためにクラウドデータレイクに移行したいと考えています。このような考えがあるなら新しいシナリオで価値を生み出したいということなので、そのような目標を立てるべきです。新しい販促キャンペーンを多く取り入れたいのか、インテリジェントなプロダクトで価値を提供したいのか。繰り返しになりますが、目標に基づいて選択肢を検討すべきです。

時間
　企業がクラウドデータレイクに移行する理由はコスト、新しいシナリオ、またはそれら以外の何かかもしれませんが、テクノロジーやアーキテクチャの選択が時間によって左右されることがときどきあります。私の顧客企業の中には、オンプレミスシステムのハードウェアのサポートやソフトウェアのライセンスが失効するまでにクラウドに移行するというロードマップを描いていた会社が

ありました。その場合、選べるテクノロジー/アーキテクチャは時間によって縛られます。

2.6.3　会社の成長と将来のシナリオを考慮する

　テクノロジーとアーキテクチャの選択では、企業の要件やビジネスドライバーが大きな影響を与えますが、選択した設計によって窮地に追い込まれるようなことがないようにしなければなりません。たとえば、パーソナライズされたキャンペーンの実施や顧客セグメントの理解が必要な販促部門の要件がデータレイク導入の理由なら、データレイクアーキテクチャの最初のバージョンはそれらのニーズに合わせて設計することになります。つまり、顧客システムとソーシャルメディアフィードからデータをインポートし、ビジネスアナリストがキャンペーンの重点対象となる優先度の高いセグメントを選択するために必要なデータセットを生成するということです。しかし、あなたの設計は、その最初のシナリオが成功を収めたときにもっと多くの利用者とシナリオが現れることを予期したものでなければなりません。私のある顧客企業は、データレイクのデータにアクセスするのはデータプラットフォームチームだけだと思い込み、適切なセキュリティ機能やアクセス制御を実装していなかったため、急激にシナリオが増えたあともすべてのユーザーがすべてのデータにアクセスできる状態になっており、データ消失事故を招きました。システムの利用者が1つの部門だけでも、さまざまなユーザーがいるシステムをどのように設計するかを考え、データの編成、セキュリティ、ガバナンスに注意を注がなければなりません。これについては、3章で詳しく見ていきます。

2.6.4　設計について考慮すべきこと

　導入しようとしているデータレイクソリューションについて顧客企業と話をするときによく尋ねられるのは、もっとも安価なあるいはもっとも早く作れるお勧めのアプローチはどれかということです。それに対し、私はいつもにっこり笑って「条件によりけりですね」と答えます。クラウドデータレイクソリューションとそのソフトウェア、プラットフォームのエコシステムは柔軟で多様な形を持つため、会社に合う適切なアプローチを選ぶのは、家計のやりくりのしかたを選ぶのとよく似ています。「コストコに行けば安上がりだよ」のような十把一絡げなことを言うのは簡単ですが、「でも、まとめ買いしたものを無駄遣いしなければの話だけどね」という口には出てこない条件がつくことはそれほど知られていません。クラウドデータレイクは柔軟性とコストの引き下げをもたらしますが、それにはデータプラットフォームチームが最適化

された形で運用すればという条件がつきます。**表2-1**をどのアーキテクチャがもっとも適切かを判断するための出発点として活用してください。

表2-1　アーキテクチャの比較

	クラウドデータウェアハウス	モダンデータウェアハウス	データレイクハウス	データメッシュ
総コスト	**高**：クラウドデータウェアハウスはプロプライエタリなデータ形式に依存し、エンドツーエンドのソリューションを提供するため、かなりのコストがかかる。	**中**：データの準備と履歴データは低コストのデータレイクに移せるが、高コストのクラウドデータウェアハウスが必要になる。	**低**：データレイクストレージが統一的なリポジトリとなり、データの移動が不要になる。コンピューティングエンジンは基本的にステートレスであり、オンデマンドで起動、終了できる。	**中**：分散化された設計のためにコストは下がるが、オートメーション、青写真、データガバナンスソリューションの作成に多額の投資が必要になる。
シナリオの柔軟性	**低**：クラウドデータウェアハウスはBI/SQLベースのシナリオに最適化されている。データサイエンス/探索的分析のシナリオに対してもある程度のサポートはあるが、データ形式の制約のために限界がある。	**中**：データレイクには多様なツールのエコシステムがあり、探索的分析のシナリオを従来よりも多くサポートできるが、データウェアハウスとデータレイクのデータを関連付けるためにデータのコピーが必要になる。	**高**：多様なエコシステムを使ってより多くのシナリオを実行できる柔軟性があるため、データサイエンスなどの探索的分析で実現可能なシナリオが増える。BIチームとデータサイエンスチームでデータを共有しやすい。	**高**：同じ会社の中で異なるアーキテクチャとソリューションをサポートする柔軟性があり、中央のチームはリーンでボトルネックにならない。
開発の難易度	SQL/BIに対しては高、それ以外のシナリオに対しては低	**中**：データプラットフォームチームが効率的でスケーラブルなデータレイクを設計しなければならなくなるが、本書を含め、ガイダンスや考え方の文献が多数ある。	**中から高**：適切なデータセットの選択のために注意が必要。またレイクハウスアーキテクチャをサポートするためにはオープンデータ形式が必要になる。	**高**：会社が10倍に成長してもスケーリングでき、さまざまなアーキテクチャ/クラウドソリューションの枠を越えてデータ共有を実現できるエンドツーエンドの自動化ソリューションが必要になる。

表2-1　アーキテクチャの比較（続き）

	クラウドデータウェアハウス	モダンデータウェアハウス	データレイクハウス	データメッシュ
エコシステムの成熟度	**低**：可動部品が少なく、エンドツーエンドソリューションなのですぐにでも運用を始められる。	**中**：Spark/Hadoopなどのデータの準備と加工のエコシステムの成熟度は高いが、パフォーマンスとスケーリングのチューニングが必要になる。データウェアハウスを介した活用では**高**	**中から高**：Delta Lake、Apache Iceberg、Apache Hudiなどのテクノロジーが成熟してきて広く採用されるようになったが、現状ではまだよく練られた設計が必要。	**低**：ガイダンスの文献や使えるツールセットが出てから比較的時間が短い。
ユーザー企業側に必要とされる成熟度	**低**：ツールとエコシステムは広く理解されているものであり、どのような規模、業態の企業でもすぐに活用できる。	**中**：会社のニーズを理解し、そのニーズをサポートする適切な設計を選択するためにデータプラットフォームチームのスキルアップが必要になる。	**中から高**：会社のニーズの理解とまだ登場して間もないテクノロジーの選択のためにデータプラットフォームチームのスキルアップが必要になる。	**高**：データプラットフォームチームとプロダクト/ドメインチームの両方がデータレイクのスキルを上げなければならない。

　これを別の角度から見てみましょう。これらのアーキテクチャのコストと難易度のトレードオフは、**図2-17**のようにまとめられます。

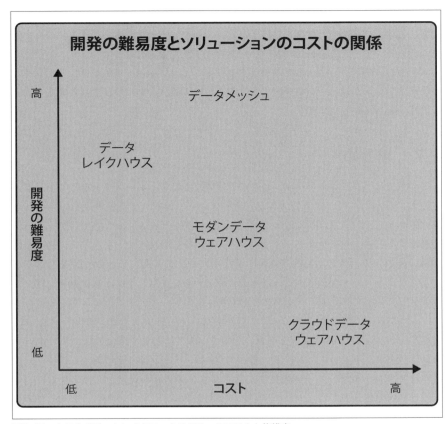

図2-17　クラウドデータレイクアーキテクチャのコストと複雑度

2.6.5　ハイブリッドアプローチ

　会社のニーズ、シナリオの成熟度、データプラットフォーム戦略次第では、データ
レイクに対してハイブリッド（両論併記的）アプローチをとることになるかもしれま
せん。たとえば、会社のシステムの大半は中央のデータリポジトリとしてのクラウド
データウェアハウスの上で実行されるものの、イノベーションセンターはデータレイ
クアーキテクチャ上で少数の選ばれたシナリオを実行するというような形です。会社
の大半の部門はデータレイクハウスアーキテクチャを採用するものの、一部の部門は
移行に数年かかる古いインフラストラクチャを使い続けるというような形もあり得る
でしょう。

　あなたの会社に特化したシナリオやニッチなシナリオは本書では取り上げられませんが、この章で説明した原則を応用すれば、データレイクアーキテクチャについて適切な問いを立て、正しい情報に基づいた選択を下すために役立つでしょう。

　ビッグデータエコシステムとクラウドデータレイクアーキテクチャは、急ピッチでイノベーションが進んでいる分野です。本書を書き終える頃には、きっと新しい大きな変化が起きているはずです。

2.7　まとめ

　この章では、クラウドデータレイクの3種類の主要アーキテクチャを深く掘り下げて検討するとともに、従来のクラウドデータウェアハウスアーキテクチャとそれらを比較しました。まず最初に取り上げたのは、モダンデータウェアハウスアーキテクチャです。このアーキテクチャでは、データレイクに未加工データを集め、価値密度の低い未加工データを比較的高価値の構造化データに変換してから、BIをサポートするクラウドデータウェアハウスに構造化データをロードします。次に取り上げたのは、データレイクハウスアーキテクチャです。このアーキテクチャは、BIを（データエンジニアリング、データサイエンスとともに）データレイクで直接サポートして、クラウドデータウェアハウスを不要にします。第3に取り上げたのは、データメッシュアーキテクチャです。このアーキテクチャは、データレイクの管理、運用を分権化するアプローチで、ニーズの拡大に合わせてシステムの規模を拡張できる持続可能性と社内全体へのスピーディなデータの展開を実現します。最後に、それぞれの企業に合ったデータレイクアーキテクチャの選択に役立つように、企業の成熟度、スキルセット、規模といった要素からこれらすべてのアーキテクチャを比較しました。3章では、クラウドデータレイクの「データ」の部分に注目します。データレイク内のデータの整理、管理、セキュリティ確保、ガバナンスについて考えていきましょう。

3章
クラウドデータレイク
ソリューションの設計で
考慮すべきこと

> 未完成を恐れるな——完成には決して到達しない。
> —— サルバドール・ダリ

　1章と2章では、クラウドデータレイクは何か、広く使われているクラウドデータレイクアーキテクチャとしてはどのようなものがあるかを概観してきました。最初の2章だけでも、クラウドデータレイクのアーキテクチャ設計に取りかかるための基礎知識は得られたはずです。少なくとも、ホワイトボードにクラウドデータレイクアーキテクチャのコンポーネントとその相互関係を表すブロック図を描けるようにはなったでしょう。

　この章では、クラウドデータレイクアーキテクチャを実装するための細部を見ていきます。今までに説明したように、クラウドデータレイクアーキテクチャは、さまざまなIaaS、PaaS、SaaS製品から構成され、これらからエンドツーエンドのソリューションを組み立てなければなりません。個々のクラウド製品はレゴのブロック、ソリューションはブロックを組み合わせて作った構造物のようなものだと考えてください。ブロックから作られるものは要塞かもしれませんし、ドラゴン、あるいは宇宙船かもしれません。選択肢は創造力（およびビジネスニーズ）が許す限り無限です。しかし、何を作るにしても、知っておかなければならない基礎知識がいくつかあります。この章で取り上げようとしているのはそれです。

　この章でも、意思決定の具体例を示すために、クロダースコーポレーションを使っていきましょう。

3.1　クラウドデータレイクのインフラストラクチャの準備

ほとんどのクラウドデータレイクアーキテクチャは、次の2種類のどちらかです。

- クラウド上に0からクラウドデータレイクを構築する。まだデータレイクやデータウェアハウスの実装はなく、0から構築を始めるということです。
- オンプレミスシステムかほかのクラウドプロバイダのシステムをクラウドデータレイクに移植する。この場合、データウェアハウスかデータレイクという形で既存の実装があり、それをクラウドに移植してくることになります。

　クラウドの世界への第一歩は、どちらでも大差はありません。クラウドプロバイダを選び、サービスを選び、インフラストラクチャを構築することになります。クラウドはさまざまな製品を提供しており、それぞれの製品が長所とチャンスを持っています。その中から適切なものを選んでいくわけです。そこで、クラウドへの移行では、この作業には魔法の銀の弾や決まった12ステッププロセスはないということをまず肝に銘じておかなければなりません。しかし、多数の顧客と仕事を進め、自分自身のシステムもクラウドに移植してきた経験から、私はクラウドへの移行の道程を次のステップから構成され、**図3-1**のように描ける意思決定フレームワークに圧縮しています。

1. 現状を評価し、目標を設定する。
2. アーキテクチャと成果物のプランを立てる。
3. 0から作るか既存システムを移植するという形でクラウドデータレイクを実装する。
4. 運用化、リリースする。

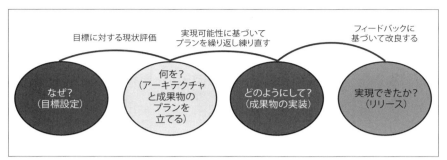

図3-1　クラウドデータレイク実装プランのフレームワーク

では、4つのステップの実際を詳しく見ていきましょう。

3.1.1　現状評価と目標設定

　1章で見てきたように、ビジネスを活性化、トランスフォーメーションするための重要なインサイトを手に入れるためにはデータレイクが欠かせません。しかし、無限の可能性があるとは言っても、特に大切なのは会社がデータによって何を得ようとしているのかという具体的な目標を明確にすることです。目標は、会社が優先的に必要とするデータや処理がどのようなものかを判断するために役立ちます。

　まず最初に、データレイクの利用者になるのが誰かをはっきりさせましょう。それは社内の部門（人事、財務、サプライチェーンなど）かもしれませんし、社外の存在（ダッシュボードを活用する顧客など）かもしれません。また、現在のデータソリューションの問題点を明らかにしましょう。たとえば、データセンターとその運用コストが高く、予算を圧迫しているとか、現在のハードウェアのサポートが切れようとしているとか、現在のアーキテクチャではデータサイエンス、機械学習関連の高度な分析に対応できず、そのために競争優位を失いつつあるといったことです。さまざまな利用者の話を聞いて彼らがもっとも頭を悩ませている問題を列挙していけば、データが解決に役立つ最重要課題の一部が明らかになります。**図3-2**が示すように、データレイクを実装する目標はそれらの問題を解決することになるでしょう。

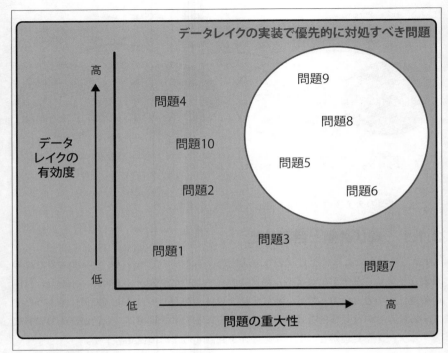

図3-2　現状評価に基づきデータレイクの目標を明らかにする

　図3-2では、実装チームは、さまざまな利用者の話を聞いた結果、10個の問題を把握しています。そして、問題の重大性とデータレイクが問題解決のためにどの程度有効かを示すグラフを描いた結果、その両方でポイントが高かった問題5、問題6、問題8、問題9を優先すべきだということが明らかになっています。

3.1.1.1　クロダースコーポレーションはどのようにしてデータレイクの目標を決めたか

　2章からもおおよそわかるように、現在のクロダースコーポレーションは、在庫と売上の管理のために運用データベース（SQL Server）を使っているレガシーアプリケーションと顧客のプロフィール、顧客とのやり取りを管理する顧客関係管理（CRM）ソフトウェアを持っています。ワシントン州を中心とする周辺各州で事業を急拡大させるとともに、オンラインビジネスでも急成長を遂げ、成長の痛みを感じつつあるクロダースでソフトウェア開発リーダーを務めるアリスは、上層部にデータレイクの開発

を提案し、上層部もこのアプローチに投資することに乗り気になっています。

ゴーサインが出たので、アリスはデータレイク実装プロジェクトのプラン立案に入っています。彼女がまず最初に始めたのは、社内全体の問題点を洗い出すことです。そして、**表3-1**にまとめたような問題点リストを作りました。

表3-1 クロダースコーポレーションのデータ関連の問題点リスト

顧客	問題	問題の深刻度	データレイクの有効度	クラウドデータレイクがどのように役立つか
IT	データベースのスケールが会社の成長に追いつかない。	高	高	クラウドインフラは弾力的にスケーリングできる。
営業	営業関連のクエリが苦痛を感じるほど遅い。	中	高	クラウドインフラなら、同時アクセスユーザーが増えてもスケーリングできる。
営業	ワシントン州以外では、どの小売店、卸売業者を重視したらよいかわからない。	高	中	リテールデータセットを探って売上が多いところを明らかにすることはできるが、システムとしては実験的であり、成熟に時間がかかる。
販促	クエリの実行に非常に時間がかかる。複雑なクエリは時間切れになる。	高	高	クラウドインフラなら、同時アクセスユーザーが増えてもスケーリングできる。
販促	ターゲットキャンペーンの実施のために時間がかかる。	高	高	クラウドデータレイクはデータサイエンスの分析をサポートし、ターゲット/パーソナライズドキャンペーンに役立つ。
販促	担当製品のインフルエンサーを見極めたい。	高	中	データサイエンスと機械学習はソーシャルメディアからインサイトを見つけ出せるが、個別のインフルエンサーは一対一のつながりや働きかけによって明らかになる。
経営陣	冬季製品の枠を越えた製品展開のためにどこから手をつけるべきかを知りたい。	中	高	リテールデータセットに対してデータサイエンスモデルを実行すれば、冬季製品を購入する顧客の行動を理解し、有効なレコメンデーションを提供するために役立つ。

このリストに基づき、アリスはデータレイク実装の目標を次のようにまとめ、目標確定のためにステークホルダーたちに回覧しています。

- （必須）既存の営業、販促ダッシュボードのスケーリングとパフォーマンスを向上させ、75パーセンタイルでクエリのパフォーマンスを50％以上向上させる。
- （必須）データレイク上でデータサイエンスモデルをサポートし、経営陣が求めている新製品レコメンデーションというパイロットプロジェクトで効果測定する。
- （可能なら実施）営業部門が求めているベストパートナーの判断、販促部門が求めているインフルエンサーのレコメンデーションという分析により、データレイク上でサポートするデータサイエンスモデルを増やしていく。

3.1.2　アーキテクチャと成果物の設計/定義

　データレイクの目標が定まったら、次はアーキテクチャと成果物を決めます。2章で示したように広く使われているアーキテクチャパターンが複数あり、それぞれ「2.2.4　クラウドデータウェアハウス」で示したような特徴を持っています。データレイクの目標のほか、会社の成熟度などの要素を考慮に入れて、データレイクのアーキテクチャとして適切なものを決めます。アーキテクチャの決定で考慮に入れるべき要素としては、次のようなものが挙げられます。

ソリューションのコスト
　　立ち上げのための初期コストとシステムメンテナンスの長期的なコストの両方を明らかにし、得られる利益と比較しましょう。データレイクはデータウェアハウスよりもかなり低いコストで維持できますが、データウェアハウスの方が簡単に立ち上げられます。

納期
　　ソフトウェア開発の分野では、開発者と運用にかかる時間はコストとして金銭と同じくらい重要です。そのため、ソリューションに必要な時間と労力を見積もる際には、人的要素と運用面を計算に入れましょう。既存のハードウェアが寿命を迎えようとしている場合は、そのハードウェアのサポートが終了する前に実装可能なパターンやアーキテクチャを選択する必要があります。

下位互換性
　　クラウドに移行しなければならない既存のデータインフラがある場合には、クラウドへの移行は段階的なものになることを覚悟すべきです。既存のソリューションのあるまとまった部分をクラウドに移行するときには、既存のアプリ

ケーションと利用者に大きな混乱を引き起こすことなく、事業継続性を保証できるようにしなければなりません。ダッシュボードをサポートする既存の運用データベースがある場合には、既存アプリケーションへの互換性を保証することを計算に入れることが必要です。

企業の成熟度

製品選定で見過ごされがちな要因があります。クラウドプロバイダやISV（独立系ソフトウェアベンダー）と話をする際には、組織の現在のスキルセットやデータ文化について話し合い、それらのソリューションが現状にどのように役立つかを理解することが大切です。同時に、組織のスキルアップや文化変革を計画することも重要です。例えば、会社にデータサイエンティストがいないのにデータサイエンスに最適化されたアーキテクチャを選ぶのは最適な選択ではありません。

アーキテクチャが決まったら、システム利用者との共同作業により、優先順位付き要件リストに基づいてクラウドデータレイクアーキテクチャの目標を明らかにします。そして、タイムラインと成果物を追跡し、目標達成に向けての全体的な進行状況を管理するプロジェクトのプランを作成します。

3.1.2.1 クロダースコーポレーションはどのようにして アーキテクチャと成果物のプランを立てたか

アリスと彼女のチームは、クラウドデータレイク実装の目標に基づき、次の指導原則に従いながら、アーキテクチャの選択肢の検討に入ります。

- 営業、販促チームが現在使っているダッシュボードの提供中断を最小限に抑え、できればまったく中断されないようにする。
- ダッシュボードは、利用者が感じているパフォーマンス問題を解消しつつ、データの増加にともなってスケールアップされるようにする。
- データサイエンス分析は新しいプラットフォームの一部として取り組む必要がある。ここには、経営陣のための新製品レコメンデーション、営業チームのための小売店、卸売業者のレコメンデーション、販促チームのためのインフルエンサーレコメンデーションが含まれる。
- 業務におけるダッシュボードの重要性、将来の成長予測から考えて、新アーキ

テクチャは今後6か月以内に立ち上げなければならない。

　彼らはクラウド上の3種類のアーキテクチャパターン（特定のプロバイダに限らないもの）を次のように評価しました。

クラウドデータウェアハウス

　　このアーキテクチャパターンでは、クラウドデータレイクは含まれず、主要コンポーネントはクラウドデータウェアハウスになります（詳細は、「2.2.4　クラウドデータウェアハウス」を参照）。この方法は実装にかかる時間が最短となり、営業、販促チームのビジネスアナリストにシームレスな体験を提供できますが、データサイエンス機能は限られます。パイロットシステムにはなるかもしれませんが、より多様なデータセットの導入など、分析が高度になってくると、足かせになるかもしれません。

　　クラウドデータウェアハウスでも、Snowflakeなどはデータウェアハウスとデータレイクの境界をあいまいなものにしています。本書執筆時点では、私は自分の判断でSnowflakeをデータウェアハウスとしていますが、それは主としてSnowflakeのメインのユースケースが構造化データの操作にあるからです。

モダンデータウェアハウス

　　データの収集、処理にはデータレイクストレージを使い、BI分析にはクラウドデータウェアハウスを使う形態で（「2.3　モダンデータウェアハウスアーキテクチャ」参照）、実装にはクラウドデータウェアハウスよりも少し時間がかかります。しかし、データレイクがデータサイエンス機能を豊富にサポートしており、パイロットプロジェクトチームを大きく支援してくれる上に、データウェアハウスを通じてデータアナリストもサポートできます。また、データレイクは、オンプレミスデータベースの履歴データから得た複数のスナップショットのストレージとして非常に低コストでもあります。

データレイクハウス

クラウドデータウェアハウスコンポーネントを必要とせず、エンドツーエンドでクラウドデータレイクストレージを使う形です（「2.4　データレイクハウスアーキテクチャ」参照）。データサイエンスとデータアナリストの両方の分析をサポートするため、チームにとって非常に魅力的ですが、ツールの整備、エンドツーエンドのオートメーションのためにはスキルアップが必要になりそうです。

アリスと彼女のチームは、データメッシュアーキテクチャを評価しませんでしたが、それはエンドツーエンドの実装の中央からの管理という体制を維持したかったからです。おそらく、次の段階のプロジェクトではデータメッシュも評価することになるでしょう。

アリスと彼女のチームは、データサイエンスをサポートするとともに、現在のアーキテクチャからの移行もスムーズなモダンデータウェアハウスアーキテクチャを採用することにしました。クラウドでシステムを立ち上げ、実行できるようになった次の段階でのプロジェクトでは、データレイクハウスとデータメッシュも調査しようと考えています。

クロダースコーポレーションのモダンデータウェアハウスアーキテクチャは、次のコンポーネントから構成されています（**図3-3**参照）。

- データの中央リポジトリとして機能するクラウドデータレイクストレージ
- 運用データベースなどの既存のソースとソーシャルメディアなどの新しいデータソースからクラウドデータレイクにデータをアップロードするインポートシステム
- 複雑なデータ変換でクラウドデータレイクストレージのデータから高価値データを生成するデータ処理エンジン
- 非定期の探索的分析で使われるデータサイエンス、機械学習ソリューション
- 高価値データをBIユースケースとデータアナリストに提供するクラウドデータウェアハウス

プロジェクトは、次のステップで成果物を提供していきます。

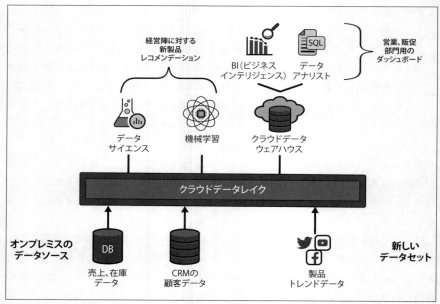

図3-3　クロダースコーポレーションのクラウドデータアーキテクチャ案

ステップ1：インポート

データレイクへのデータのロード。毎日運用データベースとCRMシステムの
バックアップをデータレイクに書き込む自動化されたパイプラインをセット
アップします。過去90日間のデータを残します。

ステップ2：処理

並行して進められる2つのサブステップから構成されます。

BIデータ処理

毎日データをリフレッシュしてクラウドデータウェアハウスに送る処
理パイプライン。営業、販促チームのデータアナリストからのフィード
バックに基づいて修正します。

高度な分析

運用データベースと CRM システムのデータに基づく新開発の新製品レコメンデーションモデル。データサイエンティストが使います。

ステップ3：限定リリース

営業、販促、経営陣の一部のシステム利用者に対するデータレイクプラットフォームのリリース。オンプレミス実装は実行し続けます。並行実行は、システム利用者からのフィードバックによって早い段階で問題点を把握し、改善を重ねるために役立ちます。

ステップ4：本番リリース

クロダースコーポレーションのすべてのシステム利用者に向けたデータレイクのリリース。この時点では、オンプレミスシステムとクラウドプラットフォームの両方が並行実行されます。

ステップ5：オンプレミスダッシュボードの提供終了

クラウドデータレイク実装の成功が確認されたら、オンプレミスで実行されてきたダッシュボードを止めます。

3.1.3　クラウドデータレイクの実装

このフェーズでは、プランに従ってアーキテクチャを実装していきます。まず、クラウドプロバイダの選択という重要な決定を下してから、インフラストラクチャのベストプラクティスに従って作業を進めます。クラウドプロバイダは技術的な理由だけでは決まらないので、本書では踏み込みません。どのクラウドプロバイダを選ぶにしても、考慮すべき重要なポイントとしては次のものがあります。

クラウド ID 管理システムのセットアップと管理

クラウドシステムの立ち上げで重要なステップの1つは、クラウドプロバイダ上に ID 管理システムを構築することです。オンプレミスに ID 管理システムがある場合、クラウドプロバイダはクラウドへの ID フェデレーションを受け入れます。

サブスクリプションのセットアップ

リソース（クラウドで提供されている IaaS、PaaS、SaaS）を作るためにはサブスクリプションが必要になります。サブスクリプションにはアクセス制御も含まれています。クラウドで管理している ID にサブスクリプションの特定のロール（オーナー、コントリビューターなど）を与えます。

環境の作成

開発環境（開発者がコードをテストするために利用）、ステージング環境（すべての開発者と一部の利用者がアクセス）、本番環境を分けることを強く推奨します。また、環境の独立性を保つために、環境ごとに別のサブスクリプションを使うこともお勧めします。要件の異なる複数の地域にシステムを展開する場合、北米とか欧州といった地域ごとに別々の環境を作るという方法もあります。

サービスの選択

クラウドプロバイダは、クラウドデータレイクアーキテクチャのためのさまざまなサービス（IaaS、PaaS、SaaS）を提供しています。クラウドプロバイダとの話し合いの場を設け、ビジネスニーズ、コスト、特典に基づいて適切なものを選択するようにしましょう。

オートメーションとオブザーバビリティ（可観測性）への投資

データレイク自体の実装に加え、オンデマンドでリソースを作成、管理するために必要なオートメーションを用意するのを忘れないようにしましょう。クラウド上では使った分だけの料金を支払うので（いつも同じハードウェアがあるオンプレミスとは異なり）、オンデマンドでリソースを作成、削除するオートメーションを整備すれば、コスト削減にも役立ちます。同様の理由から、クラウド上の操作のロギング、モニタリングも設定して、システムの健全性を監視できるようにしましょう。

　詳しくは、AWS（https://oreil.ly/N1N-_）、Microsoft Azure（https://azure.microsoft.com/ja-jp/get-started）、Google Cloud（https://oreil.ly/DMGmZ）といったトップクラウドプロバイダの入門ドキュメントを参照してください。

3.1.4 リリース、運用化

プロジェクトのプランが適切に準備、チェック、実装、本番リリースされたら、自信を持ってオンプレミス実装の運用を止めることができます。

このフェーズで考慮すべきこととしては次のものが挙げられます。

- 早い段階から一部の利用者に限定してリリースを行い、問題点を早期に特定するとともに、フィードバックを基に反復的に改善を行う。このアプローチは、製品の質を向上させるための効果的な方法である。
- まず開発環境でリリースし、次にステージング環境でのテストが完了してから本番システムとしてリリースする。

トップクラウドプロバイダは、オブザーバビリティとオートメーションのためのツールとプラットフォームを提供しています。AWS はオートメーションのための Lake Formation（https://oreil.ly/bjWQF）とオブザーバビリティのための CloudWatch（https://oreil.ly/9q2tf）、Microsoft Azure はオートメーションのための Azure Resource Manager（https://learn.microsoft.com/ja-jp/azure/azure-resource-manager/management/overview）とオブザーバビリティのための Azure Monitor（https://learn.microsoft.com/ja-jp/azure/azure-monitor/overview）、Google Cloud はオートメーションのための Resource Manager（Google）（https://oreil.ly/9D9SY）とオブザーバビリティのための Cloud Monitoring（https://oreil.ly/d0Edi）を提供しています。

このステップの最後には、運用できるデータレイクができており、開発/ステージング/本番環境でテストできるようになっています。以下の節では、データレイクアーキテクチャのセットアップに関わるデータの整理、データレイクの管理とガバナンス、コスト管理に絞って説明していきます。

3.2 データレイクのデータの整理

インフラストラクチャの部品を準備し、エンドツーエンドでテストしたら、次のステップはデータのインポートです。しかし、実際にデータをインポートする前に、データレイク内でデータをどのように整理するかについての構成管理をしっかりと検討してください。例えば、台所を使えるように準備するときには、食器、鍋、フラ

イパン、コーヒーなどをどの棚にしまうかを決めなければなりません。鍋とフライパンはコンロの近くに置くようにするでしょうし、コーヒー、砂糖、コーヒー用クリームはいっしょにしまうでしょう。データレイク内のデータの整理方法を知るために、データレイク内のデータのライフサイクルを見てみましょう。

3.2.1　データの生涯におけるある1日

　データはまず、さまざまなソースから未加工のナチュラルな状態でデータレイクにインポートされます。次に、分析で使える状態にするために、スキーマの適用、重複除去、null値除去、デフォルト値への置き換えといったいくつかのクレンジング処理が施されます。そして、データ準備の最後段階では準備コードによって定義された表形式の構造にまとめられます。続いて、集計、結合、フィルタリングを通じて、価値の高いデータが抽出されます。これらのプロセスを総称してキュレーションと呼びます。また、データサイエンティストなどの利用者は、探索的分析のために独自のデータセットを導入することがあります。この一連のプロセスを経ることで、データは分析やビジネスインテリジェンスの目的で効果的に利用される準備が整います。

　データをソースから抽出し、特定の構造に変換した後に、Hadoopファイルシステムやデータウェアハウスに格納する従来の方法では、変換過程でデータに含まれる重要なシグナルが失われるリスクがありました。このシグナルの損失は、場合によってはソースから再度シグナルを回復することが不可能になる重大な問題を引き起こす可能性があります。しかし、クラウドインフラとシリコン技術の進歩により、ストレージコストが年々低下しています。データの価値が高まり、同時にストレージコストが下がることで、ELT（Extract、Load、Transform）という新しいパターンが登場しました。このアプローチでは、データはまずソースから抽出され、その後データレイクに格納され、最終的にはデータ処理により変換されます。この方法により、データの重要な情報が保持され、より効果的なデータ分析が可能になります。

3.2.2　データレイクゾーン

　データレイクに書き込まれるデータは、このライフサイクルパターンに従い、データレイク内の異なるゾーンにまとめられます。次に、このゾーンを詳しく見てみましょう。個々のゾーンは、**図3-4**のように描けます。この節では、1つ1つのゾーンを順に見ていきましょう

　データレイク内のデータは、処理ステージとデータ内の価値密度によって次のゾーンに分割されます。

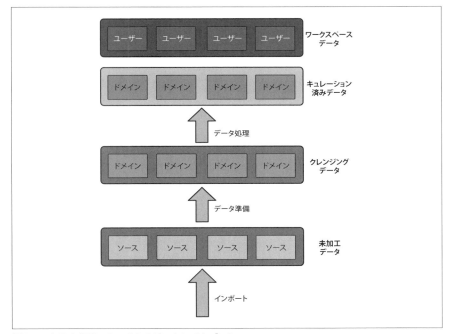

図3-4 クラウドデータレイクのデータレイクゾーン

未加工データ（ブロンズ）ゾーン

このゾーンには、ソースからインポートされたままの未加工でナチュラルな状態のデータ（ローデータ：raw data）が含まれます。このゾーンには、価値密度が最低のデータが格納されます。この種のデータには、価値の高いインサイトを生み出すためにさまざまな変換が加えられます。

クレンジング（シルバー）ゾーン

このゾーンには、BI分析で求められる構造に従って未加工データを変換したものが格納されます。この時点では、価値密度は中以下ですが、データが何らかのスキーマや構造に従っているという最低限の保証はあります。

キュレーション済み（ゴールド）ゾーン

このゾーンには価値密度が最高のデータが格納されます。このゾーンのデータは、クレンジングデータにさらに変換をかけて生成されます。

ワークスペースデータゾーン

　このゾーンは、データレイクの利用者に自分のデータセットを書き込む場所としてプロビジョニングされたものです。このデータゾーンに決まったルールはありません。

各セクションをもう少し詳しく見ていきましょう。

未加工データ（ブロンズ）ゾーン

　ここは、外部ソースにあったデータが最初に格納される場所です。先ほど触れたELTパターンでは、ソースから抽出してデータレイクストレージにロードしたデータがこれに当たります。データは、オンプレミスシステム、ソーシャルメディア、外部のオープンデータセットなどのさまざまなソースからインポートされます。データのインポートのタイミングは、スケジュールに基づいたバルクアップロードや、リアルタイムのイベント収集など、さまざまです。このゾーンのデータには構造、セマンティクス、価値について最低限の保証しかありません。一般的に、データのインポートは少数の選ばれたチームに管理され、利用者全員には公開されていません。このゾーンのデータは、インポートのソースとデータのタイムスタンプによって整理されます。データレイクの一般的な分析では、ほとんどのデータに時刻情報がついています（たとえば、Twitterのフィードには特定の日、サーバーのログは1日の中の特定の時間などの情報がつきます）。このゾーンのデータはソース別にまとめられ、同じソースの中では時間によって整理されることにより、データの新しさを把握します。

クレンジングデータ（シルバー）ゾーン

　データレイクにインポートされたままの未加工データは、何らかの構造やデータ形式に従ったものにはなっていません。「2.2.1　データの多様性を表す用語」で説明したように、データレイクにインポートされたデータは、構造化、半構造化、非構造化データのいずれかです。そのようなデータを表構造に収まるようにクレンジング処理を行います。このような処理を**データの準備**（preparation）、エンリッチメント（enrichment）、データクッキング（data cooking）などと呼びます。このステップでは3つの重要なプロセスを行います。

スキーマの定義

スキーマ（schema）とは、データが従う構造の定義のことです。つまり、データのさまざまな部分に意味を与え、列定義を含む表形式のデータを整えることを指します。

データクレンジング

スキーマを定義すると、データの中にスキーマに従っていないものが出てくることがあります。たとえば、スキーマによってCSVファイルの第5フィールドはZIPコード（郵便番号）だと定義した場合、このステップを通過したデータの第5フィールドはZIPコードの形式（XXXXXまたはXXXXX-XXXX）に従っていることが保証されます。与えられたデータがそうなっていない場合には、そのデータを取り除くか、適切な形式の値（たとえば、住所からZIPコードを導き出す）を挿入します。

最適化

表構造に整理されたデータをさらに、もっとも一般的な利用パターンに合わせて最適化することが重要です。データは一度書き込まれた後、何度も読み出されるため、読み出しを効率化するための最適化が求められます。例えば、営業データベースでは、地域別の売上情報や時間経過による売上トレンドが一般的なクエリとなります。このような場合、データはこれらのクエリに最適化された形式に変換され、再整理されます。クエリの最適化には、「2.4.1.1　データ形式」で紹介したParquetのような列指向形式がよく使用されます。この形式は、特定の列のデータのみを効率的に読み出すことが可能で、データアクセスのパフォーマンスを向上させます。

このデータは、臨時の探索的分析のためにさまざまなチーム、データサイエンティスト、ビジネスアナリストらによっても使われます。このゾーンのデータは、さまざまな利用者が理解できるドメインまたはユニットごとにまとめられ、カタログで公表されます（カタログについては、「3.3　データガバナンス入門」で詳しく説明します）。

キュレーション済み（ゴールド）ゾーン

キュレーション済みデータゾーンは、データレイク内でもっとも価値の高いデータが配置される場所です。これは、ビジネスダッシュボード作成に不可欠な最重要データセットを含んでいます。このゾーンのデータは、データの価値

を要約したもの、または重要なインサイトと考えることができます。ビジネス上の問題解決に貢献するための重要な情報を提供するよう、複数のデータセットから集められたデータが集計、フィルタリング、関連付けなどの複雑な計算によって処理されています。主に、キュレーション（精選）されたデータはクレンジングされたデータを基に作成されますが、必要に応じて他のデータソースからのデータも組み合わせられることがあります。ビジネスに大きな影響を及ぼすこのゾーンのデータは、データ品質に関して最高水準を満たす必要があります。

キュレーション済みデータは、主としてビジネスアナリストが使うほか、重役たちが見るダッシュボードの情報源となります。また、このデータはカタログで公表され、関連するビジネスユニットやドメインにまとめられます。

ワークスペース（サンドボックス）ゾーン（オプション）

これまでの説明通り、未加工、クレンジング、キュレーション済みゾーンのデータは、主として一部のデータエンジニアやデータプラットフォームチームによって管理されます。しかし、探索的分析や予備調査のために利用者がデータを持ち込みたいと思う場合もあります。そのようなデータは、ユーザーに特別にプロビジョニングされたユニットにまとめられます。このゾーンのデータは、特定の標準や品質基準に従っておらず、基本的に自由に使うことができます。

クロダースコーポレーションのデータの整理方法は、**図3-5**のように描けます。

3.2.3 データ整理のメカニズム

利用パターンに合わせるということはデータ整理のグッドプラクティスになります。「3.2.2 データレイクゾーン」で説明したように、データレイク内のデータはあるライフサイクルを通過しますが、データをゾーンにまとめることによってデータは組織ごとに整理されます。このような方法でデータを整理すると、データレイクのデータが増えてその利用方法が広がったときに役に立ちます。この整理方法は、次に挙げるものを含むさまざまな理由で便利です。

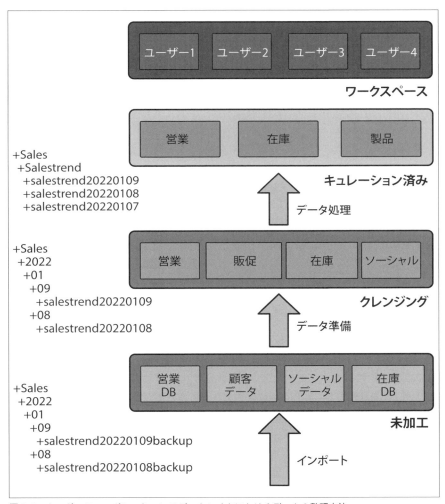

図3-5　クロダースコーポレーションのデータレイクにおけるデータの整理方法

データに対するアクセス制御

たとえば、未加工ゾーンへのアクセスは通常、データプラットフォームチーム
に限定されています。新しい社員が販促部門に加わった場合、その人は自動
的に販促ビジネスユニットゾーンのデータへアクセスできるように設定され
ます。

データ保持期間の管理

例えば、ユーザーが独自データを使えるようにユーザーにワークスペースゾーンをプロビジョニングしたとします。しかし、このようなデータはデータプラットフォームチームの管理を受けていないので、制御不能までにふくらむ危険性があります。データプラットフォームチームは、この無秩序な拡大を防ぐために特定のゾーンにデータ保持期間のポリシーを設定できます。

大手クラウドプロバイダのデータレイクストレージサービスが提供するデータゾーンの整理方法はこれとは異なります。Amazon S3（https://aws.amazon.com/s3）と Google の Cloud Storage（https://oreil.ly/pJD0z）は、データ整理のために使える単位としてバケットを提供しています。Microsoft Azure Data Lake Storage（https://learn.microsoft.com/ja-jp/azure/storage/blobs/data-lake-storage-introduction）は、ストレージアカウント、コンテナー、フォルダをデータ整理の単位とするネイティブファイルシステムを提供しています。

3.3　データガバナンス入門

データレイクの世界に足を踏み入れたばかりでも、すでに成熟したデータレイクを持っている場合でも、ビジネスが抱えるデータの量とデータの価値は拡大、上昇の一途をたどります。「スパイダーマン」のベンおじさんの言葉を借りれば、「大いなる力には大いなる責任がともなう」のです。データ管理にともなう課題の一部を見てみましょう。

- 集めてきたデータは、個人の氏名、住所や企業秘密などの機密情報を含んでいる場合があり、流出すれば個人や企業に損害を与えかねません。長年に渡り、Yahoo（https://oreil.ly/Oi_iO）、Starwood Marriott Hotels（https://oreil.ly/FWr8W）、アリババ（https://oreil.ly/sGlC1）のような大企業を含む多数の企業がデータ流出を予防するのにさまざまな対策を講じています。
- データのバランスや完全性に問題があると、分析が歪み、ユーザー体験を損ねるリスクがあります。2016年に Microsoft は会話をする AI チャットボットを発表しましたが（https://oreil.ly/gtFYd）、提供されたデータセットが不適切で、人種差別、性差別メッセージを発言することを学習してしまいました。

- データレイクのデータが増え、データの利用が活発になると、データセットの管理、発見がきわめて重要になります。管理がしっかりしていなければ、データレイク（湖）はデータスワンプ（沼）になりかねません。散らかったクローゼット（あるいは部屋、車庫、屋根裏部屋）のことを思い浮かべてください。一定のレベルを超えると、そこに何があるかさえわからなくなり、引っ越しのときが来るまで近づきさえしなくなるでしょう。
- EU 一般データ保護規則（GDPR）（https://gdpr-info.eu）、カリフォルニア州消費者プライバシー法（CCPA）（https://oag.ca.gov/privacy/ccpa）など、クラウドデータレイクを運営しながら注意を払わなければならないデータプライバシー規制が多数制定されています。

エヴレン・エリュレック（Evren Eryurek）、ユーリー・ジラド（Uri Gilad）、バリアッパ・ラクシュマナン（Valliappa Lakshmanan）、アニタ・キブングチー=グラント（Anita Kibunguchy-Grant）、ジェシー・アッシュダウン（Jessi Ashdown）の『Data Governance: The Definitive Guide』（O'Reilly、2021年）は、「データガバナンスの究極の目標は、データに対する信頼を構築することだ。データガバナンスの価値は、ステークホルダーのデータに対する信頼、具体的にはデータの収集、分析、公開、利用のしかたに対する信頼をどの程度勝ち得られるかによって測られる」と言っています。

3.3.1　データガバナンスを担うアクター

　データガバナンス（data governance）は、企業が扱うデータがセキュアでアクセス可能、かつ有用で法令に準拠していることを保証するためのテクノロジー、ツール、プロセスを総合的に指す用語です。これにはデータの品質管理、データアクセスポリシーの設定、データの保護とプライバシーの遵守が含まれます。企業のデータガバナンスを担うアクターの中で特に重要な役割を果たすのが4種類のアクターです。データガバナンスツールは、これら4種類のアクターのニーズに応えるために作られています。これらのアクターは必ずしも人間とは限らず、アプリケーションやサービスも含まれることに注意してください。また、同じチーム、部署が複数のアクターの役割を果たす場合もあります。

データオフィサー

このグループは、データの信頼性に関する定義と要件を管理し、定期的な監査と点検を通じてこれらの要件が満たされていることを確認する役割を担います。この役割には、データ共有の要件、データ保持ポリシー、データ資産が遵守しなければならないコンプライアンス規制の定義と実施が含まれます。彼らはデータガバナンスにおける基準を設定します。

データエンジニア

このグループは、データレイクアーキテクチャを実現します。さまざまなサービスをプロビジョニング、セットアップし、アクターのアイデンティティを管理し、データとデータから得られたインサイトの信頼度を保証するためのインフラとテクノロジーを実装、管理します。つまり、彼らはインフラストラクチャとテクノロジーを実装、管理し、データオフィサーが定義した要件を実装が満たすようにするのです。データエンジニアは、データが通過する各処理ステージを把握し、データが改ざんされていないこととその品質が保持されていることを確認し、最終的なデータ使用時の誤解やエラーを防ぎます。これを「データのリネージ〔lineage〕」（系譜追跡）と呼びます。また監査、点検における付随情報や証拠の提供によって重要な役割を果たします。

 マスターデータ管理（master data management、MDM）という言葉を聞いたことがあるかもしれません。これは、管理している場所、利用者、利用して作ったものなどの社内のデータ資産についてのデータのことです。**2章**で取り上げたメタデータもデータについてのデータですが、スキーマの記述という形を取るため、これとは異なります。

データプロデューサー

データプロデューサーは、企業のデータ資産にデータを供給する役割を担います。持ち込まれるデータは、未加工データ（社内外のソースからインポートしたままのもの）、クレンジングデータ（準備/クッキングによって表形式に整えられたもの）、キュレーション済みデータ（集計、要約され、高価値のインサイトを含むもの）、データサイエンティストによって臨時に生成されたデータセットが含まれます。データプロデューサーは、提供するデータタイプごとに

要求される品質基準を遵守し、アクセス制御を通じて、どの社内メンバーが
データにアクセスできるか、またアクセスを制限するべきかを厳密に管理しま
す。彼らはデータオフィサーとデータエンジニアによって定められたツールや
プロセスを遵守し、決してシステムの抜け穴を悪用することがないようにする
必要があります。

データコンシューマー

このグループはデータレイクの利用者側、つまりデータコンシューマーを指
します。製品やサービスにおいて、利用者がいなければその価値は生まれま
せん。データも例外ではなく、ダッシュボードの参照、テーブルへのクエリ送
信、臨時データセットの作成など、どのような方法であれ、データやインサイ
トを活用するのがデータコンシューマーです。データプロデューサーがデータ
の使用権限を管理する一方で、データコンシューマーは提供されたデータを
そのまま使うか、さらに加工して利用するかを決めます。例えば、データキュ
レーションプロセスでは、さまざまなユーザーやアプリケーションがクレンジ
ングされたデータを使用し、キュレーション済みデータを生成します。

図3-6は、データ資産（この場合はデータレイク）を操作するさまざまなアクター
の最大の関心事は何かを非常に単純化して描いたものです。

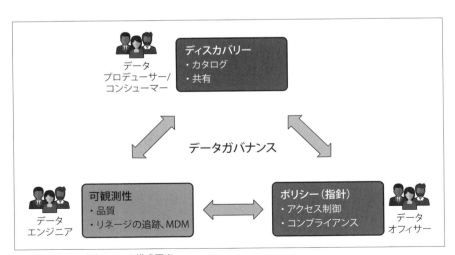

図3-6　データガバナンスの構成要素

　これらさまざまなアクターがよりよいデータガバナンスを実現し、ベストプラクティスに従うために使えるツールやオートメーションは無数にあります。しかし、データガバナンスには、自動化ツールを使って実施できるタスクと、人の手による介入が必要なプロセスの両方が含まれます。

3.3.2　データの分類

　データガバナンスは、データオフィサーによって始動されます。これらの専門家は、データの収集、保存、そして処理に関する基準や規制の設定に取り組みます。

　データタイプは、企業が使うデータ資産の種類のことです。データレイク内のデータには、1個以上のデータタイプのタグをつける必要があります。データタイプ自体（**インフォタイプ**〔infotype〕とも呼ばれます）は、姓名の名の方とかZIPコードといった単一の意味を持ちます。これらのインフォタイプはさらにデータクラスに分類されます。たとえば、氏名や住所はPII（個人識別情報）データクラス、クレジットカード番号は金融情報データクラスに属します。

　図3-7は、この階層構造の例を示しています。

　ポリシーは、データクラスに適用されるルールと制限です。たとえば、ユーザーのPIIデータは、企業がPIIをどのように使うつもりかをユーザーが明確に理解し、それに同意してからでなければ収集してはならないというようなルールをポリシーの1つとして設けます。

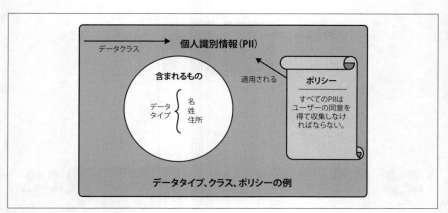

図3-7　データタイプ、クラス、ポリシーの例

　あなたの会社がPIIや金融情報といった機密データを扱う場合、会社、さらには政府が施行しているポリシー、政策、規制に従わなければなりません。また、規制者（これらの規制等を設定した主体）に対して、規制を遵守するためのポリシーを設けていることを証明することも必要になります（一般に監査を通じて証明します）。点検や監査で火だるまにならないように、ポリシーを設け、それに従った処理をしたという記録（監査証跡）を残すようにしましょう。

　データをポリシーに従ったものにするためには、適切なポリシーを適用するためにデータレイク内のデータをクラスとタイプで分類することが必要になります。Amazon Macie（https://oreil.ly/aMk7f）のようなクラウドサービスは、機械学習を活用してデータレイクのデータを自動分類します（構造化、半構造化、非構造化データのいずれもが対象になります）。

3.3.3　メタデータ管理、データカタログ、データ共有

　メタデータ（metadata）とは、データレイクに格納されているデータの形式とフィールドを記述する技術データのことですが、データセットに対するビジネス上の意味合いについてのデータのことでもあります。本書では、技術的なメタデータだけを取り上げます。たとえば、従業員テーブルの場合、第1列は姓名の名の方で形式は文字列の配列、次の列は姓名の姓の方を表す文字列の配列、さらにその次の列は年齢で15から100までの整数といった記述がメタデータです。

　データカタログ（data catalog）は、このようなメタデータを格納し、社内の各部門に公表するシステムです。多くの書籍を保有する図書館では、題名や著者名で本を検索するためのカタログが必要です。これがなければ、読みたい本を探すことは困難です。同様に、データコンシューマーもテーブル名や主要なフィールド名を使ってアクセスできるテーブルを見つけるためのデータカタログを使用することができます。例えば、データカタログを利用することで、従業員に関する情報を含むすべてのテーブルを検索することが可能になります。重要な点として、データカタログはデータレイク、データウェアハウス、その他のストレージシステムなど、さまざまなデータソースからのデータに関するメタデータを一箇所に集約できるということです。これを図に描くと、**図3-8**のようになります。

　社内で1つの重要なデータセットなり高価値のインサイトが見られるようになったら、社内のほかの部署はもちろん、場合によっては社外でもそれらを使いたいコンシューマーが現れるかもしれません。つまり、データはより広い人々に公開し、収益化できる製品としての価値を持つということです。**データ共有**は、データレイク／

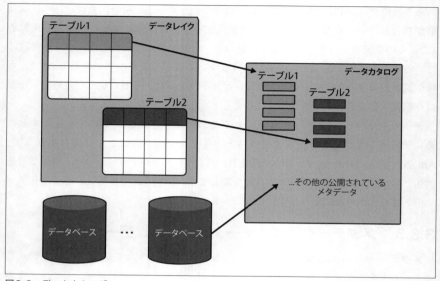

図3-8　データカタログ

データウェアハウスのデータセットが社内外のオーディエンスと共有できるときにコンシューマーがプロデューサーにアクセス料を支払うという最近注目されるようになったデータガバナンスの機能の1つです。データカタログがあれば、このような分析の実装は大幅に簡単になります。

3.3.4　データのアクセス管理

データカタログやデータ共有によるデータの発見可能性を語るときには、適切なアクターが適切なデータにアクセスできるようすることが大切です。そしてそれ以上に大切なのは、それらのアクターが余計なデータにアクセスできないようにすることです。アクセス管理はデータガバナンスの重要な分野であり、格納されたデータへのアクセスからデータ共有アプリケーションやデータウェアハウスを介したデータアクセスまでのさまざまなレベルでアクターたちがデータを管理するための機能群から構成されます。

私は、データのアクセス管理を同心円的な構造として説明すべきだと考えています。

- もっとも内側のデータ自体へのアクセスという核心のレベルには、ストレージ

自体へのアクセスを防ぐために役立つデータレイクのストレージレベルのセキュリティモデルがあります。

- 次のレベルには、データレイクストレージの上で実行されるコンピューティングエンジン（ETLプロセス、データウェアハウス、ダッシュボードなど）へのアクセス制御があります。
- 次のレベルには、ネットワーク境界の向こう側からのクラウドリソースやデータの可視性、アクセス可能性を制御するクラウドシステムレベルの境界管理があります。リージョン内にアクセスを留めるデータとリージョン外からのトランザクションを認めるデータを管理するリージョンによるアクセス制御がこれに含まれます。
- 最後のレベルには、複数のデータストアを通じてデータに高度なルールやポリシー（たとえば、PIIのタグがついたデータは、人事部門以外からはアクセスできないなど）を適用するApache Ranger（https://ranger.apache.org）などの包括的なデータガバナンスツールがあります。

これを図にまとめると、**図3-9**のようになります。

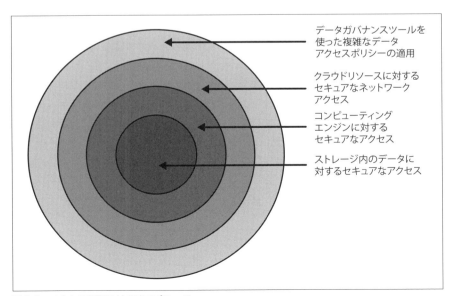

図3-9　アクセス管理に対するアプローチ

3.3.5　データの品質とオブザーバビリティ

　ビジネスにおいてデータが極めて重要な役割を担うようになった現在、データの品質はコードの品質と同等の重要性を持つようになっています。これは、データの品質がビジネスの成果に直接影響を及ぼすからです。COVID-19データ障害（https://oreil.ly/eW1Xo）のようなシステム異常による重要ニュースの更新遅れであれ、映画『ラ・ラ・ランド』の2017年度アカデミー賞作品賞受賞の誤報（https://oreil.ly/-sX94）のような発表ミスであれ、データに関わる誤りは情報の流れにおいて下流に大きな波及効果をもたらします。

　企業は次第にデータ品質を測定、監視することをベストプラクティスとして重視するようになってきており、これはデータレイクへの投資が進んでいる分野の1つになっています。本書が扱う内容からは外れますが、データの品質とオブザーバビリティについては詳しく扱っているほかの文献を参照し、利用できる関連ツールセットについて深く学ぶことをお勧めします。この節では、データオブザーバビリティの概念とアプローチの基礎を簡単に説明します。

　バー・モーゼス（Barr Moses）、リオル・ガヴィッシュ（Lior Gavish）、モリー・ヴォアワーク（Molly Vorwerck）の『Data Quality Fundamentals』（O'Reilly、2022年）は、データレイクアーキテクチャに保存されるデータの品質を保証するために計測しなければならないデータオブザーバビリティの5本柱を簡潔に定義しています。これはデータオブザーバビリティについて考えるためのすばらしい出発点になります。

　特に、クラウドデータレイクアーキテクチャでは、データレイクストレージにデータをロードするコンポーネントとデータを処理して高価値なインサイトを生み出すコンポーネントはまちまちになります。これらのコンポーネントは互いに相手のことをあまり意識していません。そこで、データオブザーバビリティは、データ中心のアプローチによりデータレイク内のコンポーネント間で共通理解を構築するために死活的に重要になります。

　同書で説明されているデータオブザーバビリティの5本柱を簡単にまとめておきましょう。

鮮度（freshness）
　　鮮度は、データがどれだけ新しいかを示す指標です。データが最後に更新されたのはいつでしょうか。たとえば、前の章で運用データベースのデータを毎日

データレイクにアップロードするというユースケースを取り上げました。鮮度という属性は、この更新がどれだけ新しいかを示します。たとえば、昨晩のデータアップロードが失敗したら、レポートは2日前のデータに基づいて作られていることがわかっていなければなりません。

分布（distribution）

分布は、データの値の許容範囲の指標です。どのような範囲であればデータに問題がないかを定義します。ダッシュボードのグラフが異常に見える場合、データが本当の問題を示しているのか、単純にデータ自体が間違っていたり壊れていたりするのか迷うかもしれません。しかし、データの許容範囲をはっきりさせておけば、データがそれよりも高くなったり低くなったりした場合には、トレンドに現実的な問題があるのではなく、データ自体に問題があるということがわかります。たとえば、最新の売上データがまだ届いていなければ、売上は0ドルになるでしょう。しかし、売上がまったくないということは考えられません。同様に、売上が突然正常な範囲の500％に跳ね上がったら、純粋に喜ぶべき理由によるものなのか、売上データのダブルカウントによるものなのかを調査する必要があるでしょう。

量（volume）

量は、データ数の許容範囲の指標です。分布と同様に、データ数の許容範囲であり、データ数がこの範囲から外れている場合には、データに問題がある可能性が考えられます。たとえば、一般にデータテーブルには1万行前後の行が含まれている場合、1日の処理を終えたときの行数が10行だったり500万行だったりするなら、調査が必要だということになるでしょう。

スキーマ（schema）

以前にも説明したように、**スキーマ**とはデータの構造とセマンティクスの定義です。上流のコンポーネントがスキーマを勝手に変えると、1個以上のフィールドが消えるようなことになり、下流の分析が正しく処理できなくなります。スキーマ自体の変更を監視すると、スキーマ変更が下流のコンポーネントに影響を与えたときにその理由がわかりやすくなります。

データリネージ（lineage）

　データリネージ（データの系譜、data lineage）とは、データの生成からその利用に至るまでの過程を示すものです。これにより、データがどのようにして生成され、どのコンポーネントによって活用されているかが明確になります。エラーが発生した際には、データリネージを参照することで、問題の原因を探るために調査が必要な他のコンポーネントを特定する手がかりを得ることができます。

　データが許容範囲の品質を保ち、データレイクがSLA（サービスレベル契約）を満たせているかを確かめるために、企業は5本柱の計測を自動化することに投資すべきです。

データの品質とオブザーバビリティ

人間が作ったものは必ず壊れる。予測不能な形で壊れることもある。
Monte Carlo Corporation（https://www.montecarlodata.com）
（リオル・ガヴィッシュが共同創設者兼CTO、モリー・ヴォアワークがコンテンツおよびコミュニケーション担当役員を務めている）

　DatadogやNew Relicでコードとサービスのオブザーバビリティをサポートするのと同じように、データパイプラインでも予測不能なことを最小限に留めることが必要です。企業がデータを頼りにしながら死活的な事業判断を下し続ける限り、データ品質の重要度は上がる一方です。データが多様でさまざまなコンピューティングエンジンによって処理されるデータレイクでは、構造化データだけを扱うデータウェアハウスよりもデータ品質は複雑な存在になります。

　データウェアハウスでは、コンピューティングとストレージのスタックは1つだけであり、データの利用方法、サーフェスは1つだけです。それに対しデータレイクでは、リアルタイムストリーミングとバッチインポート、Spark/Hadoop処理エンジンとPrestoなどのクエリエンジンといった多数の異なるエンジンが同じストレージを対象として動作します。データ資産がどこから入手されどのエンジンがそれを書き換えどのエンジンがそれを活用するかを知るのは困難です。

しかし、データ品質を保証するために大切なのは、これらのつながりを明らかにすることです。この複雑さは、データレイクが大規模であることによって深刻になる一方です。

　鮮度、分布、量、スキーマ、リネージというデータの5本柱について計測可能な指標を確保すれば、データ信頼性の枠組みとして役立ちます。この枠組みの実現がデータ品質問題を理解、計測、緩和するための鍵を握っています。データレイクでは、データとインサイトへの信頼を保証するためのデータ品質の重要性が大幅に上がり、後知恵ではなく最重要課題として取り組まなければならなくなっています。

　データレイクには今までとは比べものにならないぐらい多様なデータが格納されるため、データレイクに格納される**すべて**のデータの品質を保証しようとすると非常に高いコストと大きな労力が必要になります。そこで、データ品質保証に取り組むための出発点として、優先度の高いデータセットを明らかにし、データ品質の5本柱に基づいてそのデータセットのSLAとSLO（サービスレベル目標）を定めることを強くお勧めしたいと思います。このようなSLAとSLOは、データレイクのデータ品質の目標になるだけでなく、要件としても機能します。すべてのデータが同じように重要なわけではありません。データ品質を保ちながら開発の機動性を維持するためには、このような優先順位付けが大切になります。

3.3.6　クロダースコーポレーションにおける データガバナンス

　アリスと彼女のチームは、自分たちのデータプラットフォームアーキテクチャにおけるデータガバナンスの重要性を理解しており、次のような新たな取り組みを始めています。

- オープンソースのApache Atlas（https://atlas.apache.org）で作ったデータカタログを活用し、クレンジング/キューレーション済みゾーンのデータのためにメタデータを編集、発行する。
- Sales（売上）、Customer（顧客）テーブルのデータに金融情報、PIIなどの適切なデータクラスとデータタイプを与え、データカタログにこのような分類についての情報も入れるようにする。

- 彼らの分析では実際のPII情報は不要なので、PIIデータがマスキングされるように PIIスクラバーを書く（プレーンテキストではなく値から得た一意なハッシュを格納する）。これにより、個人情報を参照しないにもかかわらず、一意なユーザーの情報を参照してデータを分析できるようになる。
- セキュリティとアクセス制御の観点から次のことを行う。
    - 未加工データにアクセスできるのはプラットフォームチームだけ、クレンジングデータとキュレーション済みデータへのアクセスは社内のビジネスアナリストとデータサイエンティストによる読み出しアクセスだけに制限するデータレイクストレージセキュリティを実装する。ビジネスアナリストとデータサイエンティストは自分にプロビジョニングされたワークスペースには読み書き両方のアクセスを与えられるが、明示的に共有されない限り、ほかのユーザーのワークスペースを見ることはできない。
    - 製品チームと経営陣はダッシュボードにアクセスでき、データサイエンティストはデータサイエンス計算フレームワーク全体にアクセスできるようにする。インポートパイプラインとデータ準備パイプラインへのアクセスは、データプラットフォームチームだけに制限する。
    - データレイクとデータウェアハウスの両方のデータでデータカタログとポリシー、アクセス管理を整備するデータガバナンスソリューションを実装する。

　クロダースコーポレーションのデータガバナンスは、図3-10に示すように実装されることになります。

3.3.7　データガバナンスのまとめ

　今までの内容をまとめると、データガバナンスへのアプローチは、データレイクの利用者からデータへの信頼を勝ち取るための次のような一連のステップだと言えます。

1. データオフィサーが専門知識を持つデータガバナンスポリシーと利用者であるデータプロデューサーとデータコンシューマーの要件を理解する。データエンジニアによるデータガバナンスの実装はこれらの要件によって規定される。
2. データレイクに格納されるデータを理解、分類し、どのデータセットにどのポリシーが適用されるかをしっかりと把握する。

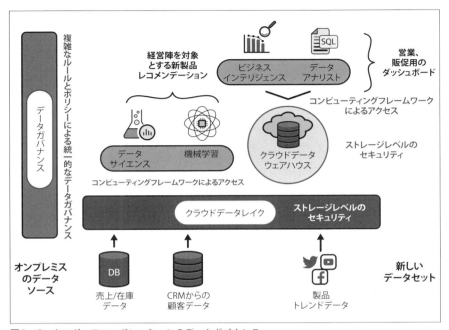

図3-10　クロダースコーポレーションのデータガバナンス

3. 使えるデータセットを知り、理解するために役立つメタデータを管理するため
   にデータカタログを構築する。データカタログは、利用できるデータセット
   をプロデューサーが公開し、コンシューマーが見つけるために役立つ。また、
   データ共有機能を駆使してデータ共有を制御、管理する。
4. データアクセスポリシーに準拠したアクセス制御を実現するために、さまざま
   なレベル（データストレージ層、コンピューティング層、ネットワーキング層）
   でデータアクセスを管理し、カスタマイズされ自動化されたデータポリシーを
   設定する。
5. データのオブザーバビリティに適切な規模の投資をして、データ品質問題の発
   見、デバッグに役立つ信頼性の高い監視体制を整備する。

3.4　データレイクのコスト管理

クラウドデータレイクアーキテクチャの特徴として特に大きな意味を持つのがコス

トの削減です。低コストの主な理由を挙げてみましょう。

- **データセンターの構築、維持のコストがかからない**：これらはクラウドプロバイダが提供してくれる。
- **クラウドの使用分だけの料金モデル**：使っていないときもハードウェアを保持し続けるのではなく、実際に使った分の料金だけを支払えばよい。
- **コンピューティングとストレージの分離**：コンピューティングとストレージを独立にスケーリングできる。また、コンピューティングのニーズが上がってもそれに対応してストレージのコストが上がることはない。

データレイクでコストに圧倒されることなくより多くのデータを持つ柔軟性が得られ、新たな分析に光を当てられるようになったのは、以上の理由からです。しかし、データ単価が安くなっても、データレイク全体のコストを引き上げる要因はあります。ビジネスの目標と実装のバランスを取るために、そのような要因として次のようなことを意識しておくべきです。

- クラウドサービスのコストが下がるのは、料金が使った分だけで済むからです。しかし、これはオンデマンドでクラウドリソースを使い、不要になったときにはリソースを手放すようにしていることが暗黙の前提となっています。クラウドリソースのオンデマンドのプロビジョニングと開放をきちんと実行していなければ、リソースを使い続けたままになり、この**ペイパーユースの料金モデル**は無意味になります。
- クラウドデータレイクアーキテクチャがコンピューティングとストレージを分離することによって低コストを実現しているのは、ニーズによってコンピューティングとストレージを別々にスケーリングできるようにするからです。しかし、コンピューティングがストレージに対してトランザクション処理をするときのように両サービス間でデータを転送するときにかかる**トランザクションコスト**を意識することも必要になります。
- クラウドアーキテクチャでは、同じリージョン内にプロビジョニングしたクラウドリソース内でのトランザクションならネットワークコストはかかりません。同様に、オンプレミスシステムなどのクラウド外のソースからクラウドへのデータのイングレスでもコストはかかりません。しかし、リージョン間でデータを転送したり、クラウドからクラウド外のコンポーネントへデータをエ

クスポートする際には**ネットワークコスト**がかかります。

- データレイクストレージは安いからというので、すぐに使わない場合でもあらゆるデータを取り込もうとしてしまうことがあります。これには**データの無制限の増大**を許し、データレイクをデータスワンプ（沼）になる副作用があり、それに伴ってコストも増加するという問題があります。
- クラウドサービスはデータの耐久性やパフォーマンスといったデータ管理のための豊かな機能セットを提供しています。これらの**クラウドサービスの機能**は、最適化された選び方ができていなければコストを引き上げます。

この節では、クラウドとのやり取りの仕組みとその仕組みによるコスト上昇のメカニズムを理解して、これらを広い視野から見てみましょう。綿密な設計によってコストを最適化する方法についても説明します。

3.4.1　クラウドデータレイクのコストの謎解き

クラウドデータレイクにかかるコストの主要な構成要素は次のものです。

データストレージ
　　データレイクストレージか、場合によってはデータが整理された形で格納されているデータウェアハウスにかかるコスト。ストレージサービスの課金モデルには、格納されているデータのコストとトランザクションのコストの2つの軸があります。

コンピューティングエンジン
　　データが処理、変換されるサービスにかかるコスト。SparkエンジンのPaaSのようなビッグデータフレームワークのコストですが、SaaSの場合さえあります。この部分のコストの構成要素は主として計算の利用に関わるもので、CPUとメモリをどれだけ使ったかに基づいて決まる計算単位（コンピューティングエンジンによって定義される）あたりの価格、使った時間あたりコアあたりの価格などです。

ソフトウェアコスト
　　ソフトウェアを使うためのサブスクリプション料金（一般に月額）。

ネットワークコスト

　　リージョン間でのデータ転送やクラウド外へのデータ転送（データ転送コスト）といったデータ転送のコスト。料金は転送したデータ量（単位GB）によって決まります。

　コストのこれらの構成要素をデータレイクアーキテクチャと関連付けて描くと、**図3-11**のようになります。

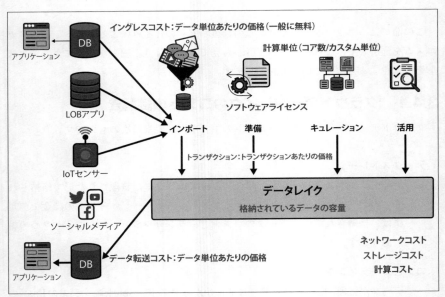

図3-11　データレイクのコスト

　コストのこれらの構成要素は、それぞれの形でデータレイクの全体的なコストに影響を及ぼします。たとえば、格納されているデータのために料金を支払っていることはわかっていても、実際のコストはストレージシステムをどのように設計したかによって決まることには気づいていない場合があります。ストレージコストに影響を与える要素としては、次のようなものが挙げられます。

ストレージのティア（種類）

　　ストレージのティアによって、料金やアクセス速度が異なります。たとえば、

頻繁にアクセスするデータは「ホット」や「標準」ティアに保存しますが、これらのティアでは保存コストが高めですが、データへのアクセス速度は速いです。一方で、ほとんどアクセスすることがないデータを「アーカイブ」ティアに保存すると、保存コストは低く抑えられますが、アクセス速度は遅くなります。このように、頻繁に使うデータはアクセス速度が速い「ホット」や「標準」ティアに、長期保存が目的でアクセス頻度が低いデータはコストが低くアクセス速度が遅い「アーカイブ」ティアに格納することが一般的です。

データの保護と耐久性に関係する機能

バージョン管理やバックアップなどのデータ保護機能、リージョン間レプリケーションなどの冗長ストレージ機能はデータの耐久性を大幅に引き上げますが、データのコピーが増える分、料金も高くなります。データレイクに格納するデータの重要性はまちまちなので、これらの機能は高価値データだけで使うようにすべきです。

トランザクションコスト

注意を払うべきトランザクションは2種類あります。ネットワークコスト、特にリージョン間のデータ転送やクラウドからオンプレミスシステムへのデータ転送にかかるコストと異なるサービスの間でデータを転送するためにかかるトランザクションコストです。ストレージトランザクションでは、料金はトランザクション数によって計算されるので、同じ容量のデータを転送する場合でも、少数の大きなファイル（数百MB）を送るより多数の小さなファイル（たとえば1KB）を送る方が高くつきます。

ニーズに基づいてコストを最適化するためには、以上のようなクラウドデータレイクシステムの主要なコスト要因をしっかりと理解することが必要です。

3.4.2　データレイクのコスト戦略

データレイクの優れたコスト戦略の立案は、ビジネスニーズ、アーキテクチャ、データ、顧客（これがもっとも重要）を理解することから始まります。データレイクについて理解しておかなければならない主要な要素をまとめると、**図3-12**のようになります。

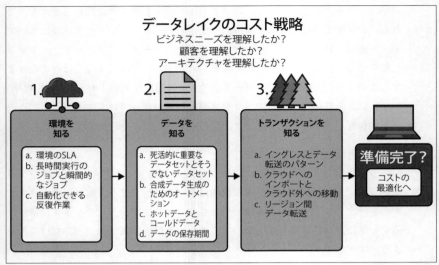

図3-12 データレイクのコスト戦略

それでは、データレイクアーキテクチャの重要な特徴とそれに対応するコスト管理戦略を見てみましょう。

3.4.2.1 データレイク環境と関連コスト

データレイクアーキテクチャにもコーディング環境と同じように目的の異なる環境があります。データ開発者が仕事をする開発環境、エンドツーエンドのテストをするためのステージング環境、顧客をサポートする本番環境です。これらの環境を適切なレベルで構成するために、環境の利用形態と約束しているSLAを理解する必要があります。たとえば、開発環境の場合、そこで実行されるワークロードは機能の確認のためのものなので、それほど強力な計算パワーは必要になりません。それに対し、ストレステスト環境はシステムの限界を試すので大量のコアを必要とするでしょう。ただし、ストレステストは週に1度のような形でしか実行されないので、それだけのコアを常時確保しておく必要はありません。本番環境は顧客に対するSLAを満足させなければならないので、可用性やパフォーマンスで妥協するわけにはいきません。同様に、ジョブの性質を知ることによって常時立ち上げておかなければならない環境がどれでオンデマンドで生成すればよい環境がどれかも明らかになります。たとえば、データサイエンティストが仕事に使うメモのためのクラスターはオンデマンドで起動

できますが、ビジネスの基幹ダッシュボードのためのクラスターは常時立ち上げて
おかなければならないでしょう。オンデマンドで実行するクラスターについては、リ
ソースの起動、終了のタイミングを判断するオートメーションシステムを用意する
と効果的です。データを格納せず、オンデマンドで合成データを生成するオートメー
ションも役に立ちます。

オンデマンドリソースについてのヒント
クラウドサービスには、リソースやクラスターの管理について考えずにジョブ
やクエリの実行に集中できるサーバーレスのものがあります。オンデマンド
ジョブではこれらを利用すると効果的です。

3.4.2.2　データに基づくコスト戦略

　データレイクのデータはどれも同じように重要なわけではありません。データコス
トの最適化のためには、データの価値、再現可能性、活用パターンを理解することが
大切になります。

- クラウドデータレイクのストレージサービスは、一定サイズ（たとえば100TB）
  以上のデータを格納すると値引きを行う予約オプションを提供しています。効
  果があるようならチェックしてみる価値があります。
- クラウドデータレイクのストレージサービスは、さまざまな**ティア**を提供して
  います。トランザクションが頻繁に必要になるデータは**ホットデータ**、格納し
  ておくだけであまりトランザクションがないデータは**コールドデータ**と呼ばれ
  ます。コールドデータについては、データストレージについては大幅に安価で
  あるのに対し、トランザクションでは高価なアーカイブティアを使うようにし
  ます。アーカイブティアでは最低保存期間にも注意を払う必要があります。ト
  ランザクションが頻繁なデータは標準ティアを使うようにします。
- クラウドデータレイクのストレージサービスは、バージョン管理、データの損
  傷に対処するための複数コピーの格納、災害対策のための複数リージョンへの
  データのレプリケーション、データ保護のために強化されたバックアップシス
  テムへの格納といった**データの耐久性を強化する**機能も提供しています。基幹
  データセットではこれらの機能は効果的ですが、損傷したり消えたりしても構
  わないデータセットでは不要です。
- クラウドストレージサービスは**データ保持期間ポリシー**を持っており、それを

利用すれば一定期間経過後にデータが自動的に削除されます。さまざまなソースから毎日とか毎週といった一定の周期でデータのスナップショットをデータレイクにロードすることがよく行われています。そのようなことをすれば、コストが跳ね上がり、データレイクがデータスワンプになる危険があります。データの寿命に合わせて保存ポリシーを設定すれば、データレイクから不要なデータが自動的に消えるようになります。

3.4.2.3　トランザクションがコストに与える影響

ネットワークからのデータ転送のコストであれ、データストレージトランザクションのコストであれ、トランザクションのコストは、ほとんどの場合データレイクコンシューマーにとって意外な存在として現れ、無視されることもよくあります。問題は、トランザクションコストがモデリングしにくいものでもあることです。トランザクションについて注意を払わなければならない要素は次の2つです。

- トランザクションの数
- 転送されたデータ

トランザクションコストを理解し、削減するためには、本番ワークロードを代表するPoC（概念実証、Proof of Concept）ワークロードを実行してスケーリングするのが一番です。小さなファイルを使うなどのアンチパターンを避けるのもベストプラクティスになります。ファイルは少なくとも数百MB以上のものをやり取りするのです。これの詳細は**4章**で説明します。データレイクのすべてのデータについてこれをするのは現実的ではありませんが、クレンジング、キュレーション済みゾーンのデータでは可能なはずです。たとえば、IoTデータは数バイトから数KB程度で、データレイクの未加工データゾーンに格納されるのが普通です。しかし、データ準備作業で意識的にこれらのデータを大きなファイルにまとめるようにすれば、トランザクションが最適化されます。

3.5　まとめ

この章では、クラウドデータレイクの実装を細かく見てきました。まず、クラドデータレイクを立ち上げるためのプランの立案方法を学びました。次に、データレイクの心臓であるデータについて、データの自然なライフサイクルに基づいてデータを

ゾーンに分けて管理する方法を説明しました。そして、データレイクのデータを見つけやすくするとともに、データのアクセス、共有に制限を設けるデータガバナンスの概要を学びました。最後に、データレイクのコストに影響を及ぼす要素は何かを明らかにし、コストの削減方法を示しました。以上を理解すれば、ニーズに合ったクラウド製品を選択してデータレイクアーキテクチャを設計し、適切に構成できるようになります。適切な構成とはどのようなものかがわからなければ、この章を読み、クラウドサービスプロバイダやISVに要件を提示しましょう。次の2つの章では、それぞれスケーラビリティとパフォーマンスを最適化するデータレイクアーキテクチャ設計の概念と原則を説明します。

4章
スケーラブルなデータレイク

ものの見方を変えれば、何を見るかが変わる。
—— ウェイン・ダイアー

　最初の3つの章を読んできたみなさんは、会社にとってリーズナブルなコストでクラウド上にデータレイクアーキテクチャを立ち上げるために必要なことをすでに身につけています。本番実行できる最初のユースケースや分析も用意できているでしょう。あなたのデータレイクは大成功を収め、実現を求められる分析は増え、新しい利用者のニーズに応えるためにあなたは忙しい日々を送っているはずです。会社のビジネスは好調で、データ資産は急速に成長しています。ビジネスの世界でよく言われるように、0から1に進むのは、1から100、100から1,000に進むのとチャレンジの質が違います。データとユースケースが増えても仕事をこなし続けられるようなスケーラブルな設計を実現するためには、データレイクのスケーラビリティとパフォーマンスに影響を及ぼすさまざまな要素を理解することが大切です。広く信じられていることとは裏腹に、スケーラビリティとパフォーマンスは必ずしもコストと両立しないわけではありません。むしろ、互いに支え合う関係にあります。この章では、このことについて詳しく説明するとともに、データレイクのコストの最適化に取り組みつつスケーラビリティを最適化するための戦略を紹介します。この章でも、架空の企業、クロダースコーポレーションを使って、戦略の具体的な展開方法を示します。5章では、この章を基礎としてパフォーマンスの最適化に取り組みます。

4.1　まずはスケーラビリティから

　スケーラビリティとパフォーマンスは、製品のピッチや販促宣材などでよく見かけ

る用語です。これらの実際の意味はどのようなもので、なぜ重要なのでしょうか。それを知るために、まずスケーラビリティの定義を説明しましょう。パフォーマンスについては、**5章**で詳しく説明します。

4.1.1　スケーラビリティとは何か

　私が見てきた**スケーラビリティ**（scalability）の定義の中でもっとも優れていたのは、この惑星でもっとも大規模なハイパースケールシステムのクラウドであるAmazonのCTOでワーナー・ヴォゲルスのブログで見たものです（https://oreil.ly/M5kVr）。彼のブログに書かれたスケーラビリティの定義は次の通りです。

> システムにリソースを追加したときに追加されたリソースに比例してパフォーマンスが向上するなら、そのサービスはスケーラブルだ。冗長性の確保のためにリソースを追加してもパフォーマンスが下がらないなら、その常時稼働サービスはスケーラブルだ。

　スケーラビリティのこのような捉え方はとても重要です。求められているのは、ニーズや利用が拡大してもパフォーマンスが低下せず同じ体験を保証できるアーキテクチャだからです。これをもっとわかりやすくするために、サンドイッチ作りという誰でも知っている作業にこのスケーラビリティの定義を当てはめてみましょう。

4.1.2　日常生活におけるスケーラビリティ

　実際の例を使ってスケーラビリティを見てみましょう。昼食用のピーナツバターとジャムのサンドイッチを1つ作るために5分かかるとします。作る手順は次の通りです（**図4-1**参照）。

1. 2枚の食パンをトーストする。
2. 1枚にピーナツバターを塗る。
3. もう1枚にジャムを塗る。
4. 2枚を重ね合わせてサンドイッチにする。
5. サンドイッチを包む。

サンドイッチ作りの手順

1	2	3	4	5
2枚の食パンをトーストする。	1枚にピーナツバターを塗る。	もう1枚にジャムを塗る。	2枚を重ね合わせてサンドイッチにする。	サンドイッチを包む。

図4-1　ピーナツバターとジャムのサンドイッチを作るための手順

　単純で簡単な話ですよね。では、ピーナツバターとジャムのサンドイッチを100個作りたいものとします。当然、人手が必要になります。1個のサンドイッチを作るために5分かかり、5人のチームで100個のサンドイッチを作る場合、平等に仕事を分担してそれぞれが20個のサンドイッチを作るものとすれば、100個のサンドイッチを作るために100分かかるはずです。

この例での**パフォーマンス**は、1作業単位（1個のサンドイッチ）の出力とその出力にかかった時間（1個のサンドイッチを作るためにかかる平均時間）によって計測されます。**スケーラビリティ**とは、作業量が増えたときにこの平均時間がどの程度維持されるかだと考えることができます。

　しかし、5人でこの作業をどのように進めるかによって結果は大きく異なってきます。2つのアプローチを見てみましょう。

一貫生産（エンドツーエンド）方式

　この方式では、**図4-2**のように、一人ひとりが1個のサンドイッチを作る工程を全部行い、1個が完成したら次に取りかかるということを5個のサンドイッチが完成するまで繰り返します。

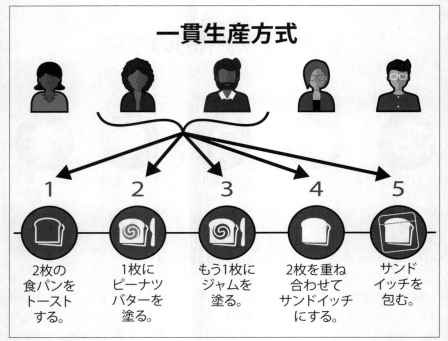

図4-2　一貫生産方式

生産ライン方式

　　この方式では、5人にそれぞれ1つの工程を分担してもらい、分業で仕事を進めます。**図4-3**のように、1人目はトースト、2人目はピーナッツバター塗り、3人目はジャム塗り…というように担当を分けます。

　もう予想がついているでしょうが、生産ライン方式の方が一貫生産方式よりも効率的です。しかし、生産ライン方式の方が効率的なのはなぜでしょうか。それを理解するためには、スケーリング（規模拡大）に影響を与える基本要素を理解する必要があります。

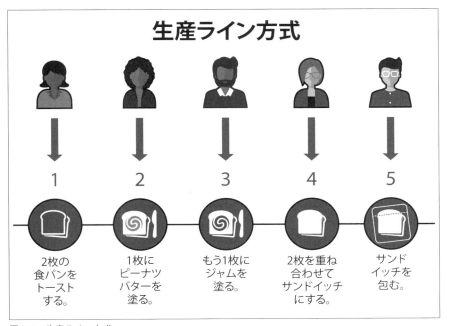

図4-3　生産ライン方式

リソース

　何かを生産するために必要なものを指します。サンドイッチ作りの場合、パ
　ン、レタス、ハムや卵が思いつきますが、材料以外にも、包丁やまな板も必要
　です。

タスク

　出力を生み出すための手順です。サンドイッチ作りの場合、5つのステップが
　必要です。

ワーカー

　作業者のことです。

出力

　生産作業の完了を示すものです。サンドイッチ作りの場合、できあがったサン
　ドイッチのことです。

　ワーカーは**リソース**を使って**タスク**を実行し、**出力**を生み出します。これらの要素がいかに効果的に噛み合うかがプロセスのパフォーマンスとスケーラビリティを左右します。生産ライン方式の方が一貫生産方式よりも効率的になる理由をまとめると、**表4-1**のようになります。

表4-1　2つの方式の比較

比較のポイント	一貫生産方式	生産ライン方式
リソースの競合	すべてのワーカーが同じリソース（トースター、ピーナッツバターの瓶など）をめぐって競合する。	ワーカーによって必要なリソースが異なるため、競合は最小限に抑えられる。
作業スレッドに対するワーカーのマッピングの柔軟性	低：ワーカーがすべてのタスクを行うため、いつもワーカーの割り当ては同じになる。	高：ほかのタスクよりも多くのワーカーが必要なタスクが明らかになったら、すぐにワーカーの割り当てを切り替えられる。
リソースの追加/削除の影響	リソースを追加しても、工程のボトルネックは解消されない。ただし、適切なリソースを追加すれば、作業スピードを大きく変えられる。たとえば、トースターを1台ではなく5台にすれば、ワーカーはもっと短時間でトーストを焼けるようになる。	リソースが増えたら、パフォーマンス向上のために柔軟にリソースを割り当てられる。

　一貫生産方式では、サンドイッチが完成するまでの時間にばらつきが出ることにも注意しましょう。たとえば、5人が同時にトースターのところにやってくると、トースターを使えるのはその中の1人だけになるので、その人のサンドイッチはトースター待ちが必要になった人のサンドイッチよりも短時間で完成します。そのため、実際にパフォーマンスを計測すると、50パーセンタイルまでは許容範囲内の時間でサンドイッチが作れても、75とか99パーセンタイルではとてつもなく時間がかかる場合があります。

　サンドイッチ作りでは、生産ライン方式の方が一貫生産方式よりもスケーラブルだと言っても間違いないでしょう。このようなスケーラビリティの高さによって得られるメリットは、3、4個のサンドイッチのパックを作る日常的な作業では目立ちませんが、たとえば3,000個とか4,000個のサンドイッチを作るときのように作業量が大幅に増えるとはっきりとした差を生みます。

4.1.3　データレイクアーキテクチャにおけるスケーラビリティ

データレイクアーキテクチャでは、今までの章で説明してきたように、リソースはクラウドから提供されます。コンピューティング、ストレージ、ネットワーキングのためのリソースです。そのほかに、与えられたリソースを最大限に活用するための2つの重要要素があります。これらは私たちが持っていて自由に変えられるもので、具体的には処理を行うジョブ、すなわち私たちが書くコードとデータです。データはどのように入手し、処理のためにどのように整理するかというところでリソースの活用効率に影響を及ぼします（**図4-4**参照）。

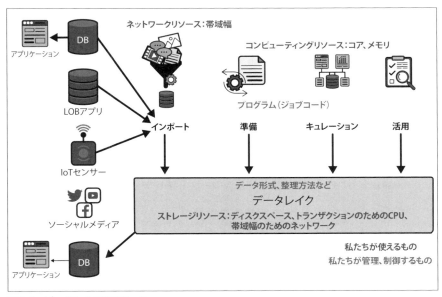

図4-4　データレイクのリソース

クラウドデータレイクアーキテクチャで私たちが使えるリソースは次のようなものです。

コンピューティングリソース

クラウドが提供してくれるコンピューティングリソースは主としてデータ処理のために必要なCPUコアとメモリです。それに加えて、クラウドのコアで実行されるソフトウェアもあります。IaaSの場合は自分でソフトウェアをインストールしますが、PaaSやSaaSの場合はソフトウェアが提供されます。PaaS、SaaSのソフトウェアは、CPUとメモリを最適化された形で使うように設計されています。スケーラブルなソリューションを構築するために重要なのは、これらがどのように動作するかを理解することです。クラウドサービスプロバイダは、ソリューションのコンピューティングニーズが上がったときに、あなたが操作しなくても自動的にコンピューティングリソースを追加するオートスケーリングなどの機能を提供します。また、コンピューティングのリソースの側面とストレージを完全に抽象化し、ユーザーがビジネス分析の主要部分に専念できるようにするGoogleのBigQuery（https://oreil.ly/6QtUO）のようなサーバーレスコンポーネントも提供されています。サーバーレスコンポーネントはチューニングできるIaaSよりも料金が高くなるのが普通ですが、最適化とチューニングが組み込まれているため、ビジネス分析の実装に専念できます。

ネットワーキングリソース

ネットワーキングリソースは、データをやり取りできるケーブルというメタファーでイメージできます。ネットワーキングハードウェアによって提供される場合もあれば、ソフトウェア定義のネットワーキングによって提供される場合もあります。

ストレージリソース

クラウドデータレイクのストレージサービスは、データを格納するためのスペース（データのティアによってディスク、フラッシュメモリ、テープドライブなどが使い分けられます）とストレージトランザクションを実行するためのコンピューティングパワー、クラウドプロバイダ内外のリソースにデータを転送するネットワーキングパワーを提供する弾力的な分散ストレージシステムを提供します。

あなたが管理、制御できる主要な部分は次のものです。

- あなたが書くコード

- データの格納、整理の方法。これはリソースの効果的、効率的な利用に大きな影響を与えます。
- ソリューションのスケーラビリティとパフォーマンス

次節では、データレイクアーキテクチャでビッグデータ処理がどのように行われているか、データレイクソリューションのスケーラビリティとパフォーマンスにどのような要素が影響を与えるかについて詳しく見ていきます。

システムのスケーラビリティに影響を及ぼす要素を理解し、学ぶことが重要な理由は2つあります。

- データレイクのトラフィックパターンには大きな波があり、ほとんど必ずバーストが起きるため、スケールアップ/ダウンは、データレイクアーキテクチャに必ず組み込まなければならない重要な機能になります。
- ボトルネックがわかっていれば、どのリソースをスケールアップ/ダウンしなければならないかについてのインサイトが得られます。それがわかっていなければ、ソリューションのスケーラビリティとは無関係なリソースを追加するリスクを抱えることになります。

私のソリューションは今現在問題なく動いているのに、なぜスケーラビリティを気にしなければならないのか

10倍の成長を話題にし、データレイクアーキテクチャは短期間の最大需要に対処でき、最小限の時間と労力でそれを実現できるということを説明しても、顧客企業があまり耳を貸してくれないことがよくあります。提案に対して、「今はただデータウェアハウスをクラウドに移せばいいんだ。まだほかに重要なデータがあるとは思っていない」とか、「最優先事項は今やっていることをクラウドに移すことで、ほかのことはあとで考えさせてくれ」、「クラウドへのデータの移行は1年で済ませなきゃならないんだ。今のワークロード以外のことを考えてる余裕はないんだよ」といった答えが返ってくるときには、次のように言うことにしています。

- ソフトウェア開発ではいつもそうですが、新しい分析が実現可能になったときにソリューションを完全に作り直さなければならなくなるというような技術的負債を防ぐためには、将来の分析のことを考えておくことが大切です。

- 設計を将来にわたっても柔軟に対応可能な「フューチャープルーフ」にすることは、想像するほど難しいことではありません。これは労力をかけることよりも、きちんと仕事をすることに関わります。ていねいな仕事は、成功の基盤となります。
- 世界経済フォーラム（https://oreil.ly/NWOqf）の発表によると、DXは2025年までに世界経済に100兆ドルの成長をもたらし、その100兆ドルの少なくとも3分の2はプラットフォーム駆動のインタラクションによるものだそうです。こういった分析が当たり前になるのは時間の問題でしょう。

4.2　データレイク処理システムの内部構造

図4-4で示したように、ビッグデータ処理の重要オペレーションは次のものです。

インポート
　　さまざまなソースからデータレイクストレージに未加工データを取り込みます。

準備
　　オンデマンドでスキーマを適用し、問題のあるデータを除去または修正し、データ形式を最適化して未加工データをクレンジングデータにします。

キュレーション
　　クレンジングデータを集計、フィルタリング、その他の処理にかけて価値密度の高いキュレーション済みデータを生成します。

活用
　　データの活用方法には、ダッシュボードでの可視化、クエリを通じた情報の抽出、データサイエンスを用いた探索的分析などがあります。さらに、得られたインサイトに基づいてアプリケーションのふるまいを変更することも、データを利用する1つの形として挙げられます。

　この章では、クラウドデータレイクのもっとも一般的なユースケースであるバッチ処理について考えていきます。バッチ処理では、データはデータコピーによってスケジュールに基づき定期的にインポートされます。未加工データは準備、エンリッチ

を経て、ELT/ETL処理エンジンによってキュレーションされます。準備、キュレーションの段階でもっともよく使われている処理エンジンは、Apache SparkとApache Hadoopです。Sparkジョブは、インポート、すなわちデータコピー完了後にスケジューリング、実行されます。

　ほかにもリアルタイム処理エンジンなどのユースケースはあります。リアルタイム処理エンジンは、継続的にデータをデータレイクにインポートし、準備、キュレーションします。この章でバッチ処理を使って説明するスケーリングの原則は、リアルタイム処理パイプラインにも大部分当てはまりますが、処理の継続的な性質のために設計に新たな制約がかかります。もっとも一般的なユースケースはバッチ処理なので、本書では非バッチ処理システムについては深入りしません。この章では、BIクエリやデータサイエンスのユースケースの活用についても深入りしません。クエリのパターンやデータサイエンスについては無数の参考文献が出回っています。

　ここで見ていくのは、ビッグデータ処理の中でもクラウドデータレイクアーキテクチャに特有な2つの側面です。

データコピー

　あるシステムのデータをそのまま別のシステムに動かす処理です。たとえば、外部ソースからデータレイクへのデータのインポート、データレイクからデータウェアハウスへのデータのロードのようなクラウドサービス内にある2つのストレージシステム間でのデータのコピーなどです。データコピーは、ビッグデータ処理システムで使われているもっとも一般的なインポートの形です。

ETL/ELT処理

　入力データセットと出力データセットが関わる処理で、入力データを読み込み、フィルタリング、集計、その他の処理で加工して出力データセットを生成します。クレンジング、キュレーション済みデータセットの生成は、これに分類されます。もっとも一般的な処理エンジンはHadoopとSparkですが、同じアーキテクチャでバッチ、リアルタイム、ストリーミング処理をサポートするSparkがこの分野を引っ張っています。ETL/ELTは、ビッグデータ処理のエンリッチ、キュレーションステージでもっとも一般的な処理です。

4.2.1　データコピーの内側

　データコピー処理にはさまざまな実行方法があります。クラウドプロバイダとISV

は、最適化された形で2つのシステム間でデータをコピーするPaaS製品を提供しています。クラウドプロバイダのデータアップロード/ダウンロードのポータルなど、ツールやソフトウェア開発キット（SDK）を使ってデータをコピーすることもできます。この節では、データをソースから読み出し、そのままの形でデスティネーションに書き込むコピージョブの内側をじっくりと見ていきます。ここで説明する単純なデータコピーの分析は、絶えず変化するデータセットのコピーやEU一般データ保護規則（GDPR）（https://gdpr-info.eu）などの規制に準拠した定期的なデータのクレンジングといった現実世界の高度なテーマにも応用できることに注意してください。しかし、ここではスケーラビリティを理解するという目的のために単純コピーだけを取り上げます。

4.2.1.1　データコピーソリューションのコンポーネント

　データコピーのコンポーネントを非常に単純化された形で描くと**図4-5**のようになります。

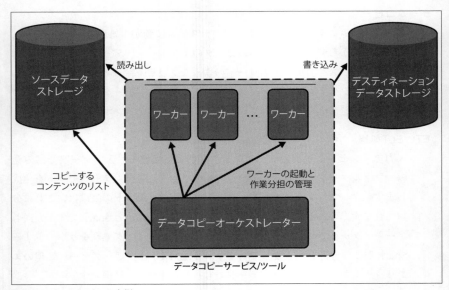

図4-5　データコピーの内側

　データコピーツールには、単純化された形でも2つのメインコンポーネントがあり

ます。

データコピーオーケストレーター

オーケストレーターは行うべき作業を正確に理解しています（たとえば、ソースからいくつのファイルをコピーする必要があるかなど）。利用可能なコンピューティングリソースを活用し、複数のワーカーにコピージョブを分散して実行させます。また、オーケストレーターはコピージョブの現状も把握しており、どのデータがすでにコピーされ、どのデータがまだコピーされていないかを把握しています。

データコピーワーカー

オーケストレーターからの指示に従って、ソースからデスティネーションへデータをコピーする処理を実行するコンピューティングユニットを指します。

設定項目の1つとして、コピージョブに投入できるデータコピーワーカーの数があります。これは必要なワーカーの数を設定するために上げ下げできるダイヤルのつまみのようなもので、ワーカーの上限を直接設定する場合も、オーケストレーターが設定可能な値として定義した値を選ぶ場合もあります。

4.2.1.2　データコピージョブのリソースの利用形態

データコピーのスケーラビリティとパフォーマンスに影響を与えるボトルネックには、次のようなものがあります。

コピーしなければならないファイル/オブジェクトの個数とサイズ

データコピージョブの粒度は、ストレージシステムのファイル/オブジェクトのレベルです。大きなファイルを分割して並列コピーを実行することはできますが。複数のファイルをまとめて1個のコピージョブにすることはできません。小さなファイルを多数コピーしなければならない場合には、オーケストレーターによるコピー項目の数え上げ処理に余分に時間がかかるほか、小さなファイルが1回のコピーの作業単位となって1回のコピーで転送できるデータ量が減り、利用できる帯域幅リソースを最大限に活用できないため、処理時間が長くなります。

データコピーツールの計算能力

データコピーツールに十分なコンピューティングリソースが与えられるように
設定すれば、より多くのワーカーを立ち上げられ、多数のコピーオペレーショ
ンを同時実行できます。逆に、コンピューティングリソースが不十分だと、利
用できるワーカーの数がシステムのボトルネックになります。

コピー処理に利用可能なネットワークキャパシティ

ネットワークキャパシティは、データ転送、特にクラウド境界を越えてデータ
をコピーするために使われる帯域の太さです。高帯域幅のネットワークをプロ
ビジョニングするようにしましょう。同じプロバイダのクラウドサービス間で
のコピー、トランザクションでは、自分でネットワークをプロビジョニングす
る必要はありません。このような場合には、クラウドプロバイダが持っている
ネットワークを使います。

リージョン間コピー

異なるリージョンの間でデータコピーをするときには、かなり長い距離のネッ
トワーク転送が必要になります。そのため、データコピーの処理速度は大幅に
下がり、タイムアウトを起こしてジョブが失敗することさえあります。

4.2.2　ETL/ELT処理の内側

ビッグデータ・アナリティクスエンジンの仕組みについては、「2.2.3　ビッグデー
タアナリティクスエンジン」、特にその中のSparkの節（「2.2.3.3　Apache Spark」
）で詳しく説明しました。

ETL/ELT処理は主として構造化、半構造化、非構造化データに対してオンデマン
ドでスキーマを適用し、もとのデータに対するフィルタリング、集計、その他の処理
によって表形式の構造化データを生成します。このタイプの処理エンジンとして広く
使われているのはApache SparkとApache Hadoopです。この節ではApache Spark
の内部動作を詳しく見ていきますが、Apache Hadoopにもほぼ同じことが当てはま
ります（微妙なニュアンスの違いはありますが）。Apache Hadoopは、もともとオ
ンプレミスのHDFSデータを対象として実行するように設計されていますが、クラ
ウドでも実行できます。しかし、クラウドアーキテクチャとの距離ということでは、
Apache Sparkの方がApache Hadoopよりもはるかに近いところにあります。また、
Apache Sparkはバッチ、ストリーミング、対話的データパイプラインを同じように
扱えるため、処理エンジンの事実上の標準になっています。そういうわけで、この節

ではSparkだけを詳説します。

Sparkジョブは、次のようにして作ったクラスターで実行します。

- IaaSのコンピューティングリソースをプロビジョニングし、オープンソースのApache Spark（https://spark.apache.org）かCloudera（https://oreil.ly/o8NDy）のようなISVからApache Sparkを入手してインストールする。
- すでにSparkがインストールされ、すぐに使えるクラスターが手に入るPaaSをプロビジョニングする。そのようなPaaSは、Databricks（https://oreil.ly/d3qxe）のようなベンダーやAmazon EMR（https://aws.amazon.com/emr）、Azure Synapse Analytics（https://azure.microsoft.com/ja-jp/products/synapse-analytics）のようなクラウドプロバイダが提供しています。

Apache Sparkは、中央で処理実行の指揮を執る（オーケストレートする）1個のコントローラー/コーディネーター（**ドライバー**とも呼ばれます）とアプリケーションの個別のタスクを実行する複数のワーカー（**エグゼキューター**〔executor〕とも呼ばれます）から構成される分散アーキテクチャを使っています。住宅建築のたとえを使うと、Apache Sparkドライバーは全体の指揮を執る元請業者、エグゼキューターは配管工、電気工事士といったスキルを持つワーカーたちと考えることができます。それでは、Apache Sparkの基礎となっている主要概念を見ていきましょう。

4.2.2.1　Apache Sparkアプリケーションのコンポーネント

データ開発者は、Sparkコードを書き、そのコードをSparkクラスターのサブミットして、実行完了時に結果を受け取ります。舞台裏では、ユーザーコードは**Sparkアプリケーション**として実行されます。Sparkアプリケーションは、次のコンポーネントに分割できます。

ドライバー
> Sparkプロセスを中央でコーディネートします。ユーザーコードを理解している唯一のコンポーネントでもあります。ドライバーには、プログラムの実行に必要なジョブ、タスク、エグゼキューターの分割を定義する部分とSparkクラスター内の利用できる部分にこれらを割り当てるコーディネーターの部分という2つのメインコンポーネントがあります。ドライバーがリソースを探すに当たっては、クラスターマネージャーの助けを借ります。

エグゼキューター

実際に計算を実行する部分です。エグゼキューターが必要とするコードとデータセットは、ドライバーから与えられます。

ジョブ、ステージ、タスク

Sparkクラスター内では、Apache Sparkアプリケーションは実行プランに変換されます。実行プランはジョブを表すノードをつないだ有向非巡回グラフ（DAG、directed acyclic graph）として表現されます。個々のジョブは相互に依存することもあるステージから構成されます。ステージはさらに作業が行われる実際の実行単位であるタスクに分割されます。これを図にすると、**図4-6**のようになります。タスクを割り当てられるエグゼキューターの数は、処理しなければならないデータの量によって左右されます。

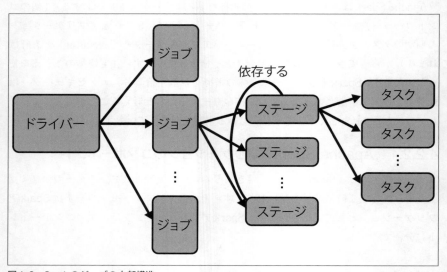

図4-6　Sparkのジョブの内部構造

4.2.2.2　Sparkジョブのリソースの利用形態

Sparkコードのリソース利用に影響を及ぼす要素は次の2つです。

コード
　実行しなければならないオペレーションの複雑度

データ
　処理しなければならないデータの量と整理方法

ETL/ELT処理のスケーラビリティとパフォーマンスに影響を与えるボトルネックには、次のようなものがあります。

クラスターのフォームファクターとメモリ

　Sparkジョブのためにプロビジョニングした演算コアの数とメモリの量はジョブのパフォーマンスに大きな影響を与えます。大量のデータ変換が必要な演算負荷の高いアプリケーションでは、コアの数を増やせばタスクを実行できるエグゼキューターが増えてジョブ全体が快適に実行されるようになります。同様に、複雑なデータ変換を行う場合には、メモリを増やせば一時データセット（耐障害性分散データセット：RDD、Resilient Distributed Dataset）をメモリに書き出せるようになり、オブジェクトストアなどの処理速度の遅い永続記憶を使うよりも短時間でデータにアクセスできます。Apache Sparkベンダーは、頻繁に使われるデータセットをメモリに留めておくために役立つキャッシュも有効にしています。

処理しなければならないファイル/オブジェクトの個数とサイズ

　ジョブ実行の粒度は、ストレージシステム内のファイル/オブジェクトのレベルです。データコピーと同様に、読み出してSparkジョブを実行しなければならない小さなファイルが多数ある場合には、ドライバーによるファイルの数え上げ処理に余分に時間がかかる上に、せっかく読み出しのためのオーバーヘッドをかけても（つまり、アクセスチェックやメタデータの読み出しなどをしても）その見返りとして読み書きできるデータ量が少なくなるため、実行時間が長くなります。一方、ファイルを多くしてSparkエグゼキューターを多数実行できるようにすれば、並列化によって書き込みが大幅に高速化し、ジョブが早く終了するようになります。書き込み処理は読み出し処理よりも高コストであり、多数の小さなファイルを書き込むことで最適化できますが、その結果として後に行われる読み出し処理のコストが高くなるというジレンマがあります。このような状況は避けられない二律背反の問題です。Apache Sparkは、並列

処理が下流の読み出し処理に与える影響を軽減するために、ジョブ終了後に多数の小さなファイルを1個の大きなファイルにまとめるためのコンパクションユーティリティを提供しています。

データの整理方法

Apache Spark の処理には大量のフィルタリング、すなわち読み出すべきデータの検索、選別の処理が含まれます。対象データを高速に検索できるようにデータが整理されていれば、ジョブのパフォーマンスに大きな差が生まれます。Parquet のような列指向のデータ形式はこの点で大きなメリットがありますが、それについては次節で詳しく説明します。また、似た内容のファイル/オブジェクトが近くにまとめられるようにデータを効果的にパーティショニングすると、高速アクセスのための最適化として大きな意味があり、必要なコンピューティングリソースが減ります。その結果、ソリューションのスケーラビリティも上がります。

ネットワークキャパシティとリージョンの境界

データコピージョブと同様に、ネットワークキャパシティとリージョンの境界はパフォーマンスとスケーラビリティに大きな影響を与えます。

4.2.3　対話型クエリに関するその他注意事項

Apache Spark は、広くデータレイク上のバッチ処理、対話的操作、リアルタイム処理に対応できるオープンソーステクノロジーです。クラウドデータウェアハウスは、特定の形式を持つデータに対して最適化された対話的クエリテクノロジーを提供しています。それらのデータ形式はプロプライエタリで、コンピューティング、ストレージシステムはともにその形式に最適化されています。本書はこの部分には深入りしませんが、大づかみに言えばこれらも Spark の内部構造と同様のモデルに従っています。

4.3　データレイクソリューションを
スケーラブルなものにするために考えるべきこと

データレイクのパフォーマンス、信頼性、スケーラビリティを確実に向上させられる万能の解決策、いわゆる「銀の弾丸」は存在しません。しかし、ソリューションのスケーラビリティやパフォーマンスに大きく寄与する要因は存在し、これらは堅牢な

データレイク構築に役立ちます。これらの要素を、最適なパフォーマンスを実現するための重要なヒントとしてください。

　過去の年度や同様のオンプレミスシステムの履歴データがあれば、それをピークスケールの数値の代わりとして使えます。しかし、そういったものがなくても心配は無用です。PoC をスケーリングして実行すれば、それはシミュレーション上実質的に実際のワークロードのコピーであり、パフォーマンスに影響を与えるさまざまな要素は何か、システムの負荷が上がったときにそれらの要素の影響がどれだけ大きくなるかを理解するために役立ちます。もっとも複雑なジョブやもっとも大きなデータセットを使ってデータレイク上の PoC を実行してから、複雑度とサイズのどちらか、または両方を倍にしてもう 1 度実行し、それがリソースにどのような影響を与えるかを分析するのです。

　この節では、システムのスケーラビリティとパフォーマンスに影響を与える主要要素の一部を取り上げていきます。

4.3.1　適切なクラウド製品の選択

　この章の最初の方で示したように、ビッグデータソリューションのためのクラウド製品には豊富な選択肢があります。ビッグデータソリューションには、IaaS、PaaS、SaaS のどれを使うか、すべて 1 つのクラウドプロバイダで揃えるか、複数のクラウドプロバイダを使うか（マルチクラウドソリューション）、オンプレミスとクラウドを併用するか（ハイブリッドクラウドソリューション）、1 つのリージョンで済ませるか複数のリージョンにまたがって作るかという選択肢があります。これらがソリューションの全体的なパフォーマンスとスケーラビリティにどのような影響を与えるかを見ていきましょう。

4.3.1.1　ハイブリッド、マルチクラウドソリューション

　現在、ほとんどの企業はマルチクラウドアプローチを取り入れ、複数のクラウドプロバイダを股にかけたアーキテクチャを作り上げています。さらに、ほとんどの企業はハイブリッドクラウドアーキテクチャでもあり、パブリッククラウドプロバイダとともに、プライベートクラウドとオンプレミスシステムにも投資しています。

　マルチクラウドやハイブリッドクラウドに向かう理由はたくさんあります。

- オンプレミスプラットフォームからクラウドに段階的に移行している。
- 下位互換性を維持するために、新しい分析ではクラウドを使い、得られたイン

サイトをオンプレミスのレガシープラットフォームに還元する。

- 1つのかごで全部の卵を運べば全部が割れるリスクがあるのと同じように、クラウドプロバイダを1社に絞ることによるベンダーロックインの弊害を最小限に抑える。
- 別々のクラウドにインフラを築いていた企業がM&A（合併買収）により同じ企業になった。
- データプライバシーやコンプライアンスといった要件のために、データ資産の一部をクラウドではなくオンプレミスに残さなければならない。
- 社内のチームやビジネスユニットがクラウドプロバイダを自由に選べるデータメッシュアーキテクチャを採用している。

マルチクラウドアーキテクチャには、次のような利点もあります。

- ビジネスユニットに選択を委ねられる**柔軟性**がある。
- サービスの種類によってクラウドサービスの中でも安いところと高いところがあるので、ベンダーの違いを気にせずに安いものを選べば**コストが下がる**。

しかし、マルチクラウドやハイブリッドクラウドを選ぶと、パフォーマンスとスケーラビリティ、ソリューションのコストなどで思わぬ落とし穴にはまることもあります。

- **マルチクラウドを管理するための運用コスト**は、オーバーヘッドを起こしたり、目に見えないコストを生み出したりすることがある。たとえば、マルチクラウド管理アプリケーションを使えば、その分コストが上がります。
- パフォーマンスという点では、**クラウドから外部にデータを動かすのは最適ではなく**、コストも上がる。システムに異なるクラウドソリューションの間でデータをやり取りする分析が含まれているなら、それはシステム全体のパフォーマンスに悪影響を及ぼしており、そのためにソリューションのスケーラビリティも損なわれています。
- 異なるクラウドプロバイダが同じような基本コンセプトのサービスを提供していても、実装のニュアンスとかベストプラクティスといったところでは**深いスキルセット**も必要とされる。そういったスキルセットがなければ、環境全体に最適とは言えないソリューションがはびこることになります。

- **クラウドに対する低レイテンシーでセキュアな直接接続**が必要な分析があれ
  ば、AzureのExpressRoute（https://azure.microsoft.com/ja-jp/products/e
  xpressroute）やAWS Direct Connect（https://oreil.ly/-nA8_）のような専用
  のサービスをプロビジョニングしなければならないが、そうするとオンプレミ
  スシステムからのデータ移動のために複数のソリューションをプロビジョニン
  グしなければならなくなり、データ転送とコストが増加する。

ハイブリッド、マルチクラウドソリューションが必要な場合には、データ転送に注
意を払い、できる限り複数の環境間でのデータ転送を最小限に抑えられるように知恵
を絞る必要があります。

4.3.1.2　IaaS、PaaS、SaaSのどれを使うか

ビッグデータソリューションは、IaaS、PaaS、SaaSソリューションを組み合わせ
たものになることがあります。データサイエンティストのためにSparkノートブック
を実行するという例を使って、これらの中のどれを選ぶかによってどのような違いが
生まれるかを見てみましょう。

IaaSソリューション

　このソリューションでは、クラウドプロバイダから仮想マシン（VM）リソー
スをプロビジョニングしてからソフトウェアのディストリビューション（オー
プンソースのApache FoundationかClouderaのようなISVから入手する）を
インストールし、データサイエンティストのノートブックアクセスを有効にし
ます。しかしそれだけでなく、パフォーマンスとスケーラビリティを最適化す
るためのスキルセットも必要になります。ビルドを通じてオープンソースソフ
トウェアに会社のニーズに合ったチューニングを加えられる技術者を抱えてお
り、Apache HadoopやApache Sparkなどのオープンソースツールのカスタム
バージョンを持っているような大企業は、このアプローチに従います。

PaaSソリューション

　このソリューションでは、適切なソフトウェア環境（およびアップデートの管
理）を提供してくれるクラウドプロバイダでクラスターをプロビジョニングし
ます。ビッグデータ処理エンジンの仕組みを深いところまで理解していなくて
も、必要なCPU、メモリ、ストレージリソースを指定できます。ほとんどの企

業がこのアプローチを採用しています。

SaaSソリューション

このソリューションでは、データウェアハウスやノートブックサービスといったSaaSのサブスクリプションを購入します。購入と同時にサービスに接続して使い始められます。入門的なソリューションとしては優れていますが、パフォーマンスとスケーラビリティという点では、SaaSソリューション自体のスケーラビリティという上限に縛られます。SaaSソリューションはどんどん改良が進められているので、どの程度までのスケーリングが必要になるかを理解し、SaaSプロバイダに対応できるかどうかを問い合わせるとともに、PoCで確認することが必要になります。

　表4-2にこれら3種類のソリューションの特徴をまとめたので、選択するときの参考にしてください。

表4-2　IaaS、PaaS、SaaSソリューションの比較

サービスのタイプ	導入の容易さ	カスタマイズの柔軟性	リソースの増減の粒度
IaaS	大変：ソフトウェアとその更新などの管理が必要	柔軟：ソフトウェアスタックそのものを自分のものにできる	細かい：サービスのインフラレベルで細部を調節できる
PaaS	かなり大変：IaaSよりは楽	まあまあ：PaaSサービスプロバイダがチューニングできるようにしてくれた範囲内	IaaSより粗く、SaaSよりも細かい
SaaS	とても楽：ほとんどすぐにビジネス問題の解決に取り組める	ほとんどなし：すぐに使える分、柔軟性が犠牲になっている	粗い：SaaSソリューションは一般にマルチテナントであり（複数の顧客がリソースを共有している）、顧客はリソースレベルの設定を操作できない

4.3.1.3　クロダースコーポレーションのクラウド利用法

　クロダースコーポレーションは、オンプレミスでレガシーコンポーネント、クラウドでデータアナリティクスコンポーネントを実行するハイブリッドソリューションを構築する計画を立てました。ビッグデータクラスターとデータレイクストレージのためにApache Sparkを実行するPaaSを選択し、データウェアハウスとダッシュボード

ではSaaSソリューションを使います。クロダースは、オンプレミスソリューションとクラウドプロバイダの間のネットワーキングがソリューションのパフォーマンスに与える影響のことを理解しており、クラウドプロバイダとともに適切なキャパシティを検討しました。また、データとコンピューティングのリソースを大量に必要とする分析（新製品レコメンデーションと売上予測）のデータ処理ワークロードのPoCを実行して、適切なリソースセットを持つビッグデータクラスターを選択できるようにしました。

さらに、クロダースは営業分析、販促分析、製品分析でクラスターを分割し、1つの分析のピークワークロードが別の分析のパフォーマンスに影響を与えないようにしました。データとインサイトの共有を促進するために、データサイエンティストは探索的分析のために製品、営業、販促のすべてのデータにアクセスできるようにしてあります。しかしその一方で、データサイエンティストのために別個のクラスターをプロビジョニングし、使えるリソースに制限を設けて、問題のあるジョブがリソースを大量消費することを防いでいます。この実装の概要を図にすると、**図4-7**のようになります。

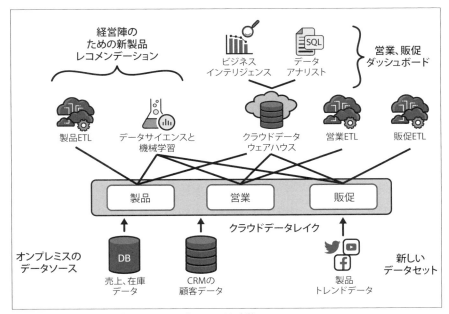

図4-7　クロダースコーポレーションのデータレイク実装

4.3.2　キャパシティプランニング

どのようなソリューションを選ぶかにかかわらず、クラウドデータレイクソリューションでは、キャパシティプランニングと需要が拡大したときのキャパシティの獲得方法の理解が重要です。**キャパシティプランニング**（capacity planning）とは、時間の経過にともなう需要予測を基に、必要なリソースを適切に準備し、予測に誤りがあった場合には適切なビジネス上の決定を行うことが大切です。

キャパシティプランニングの第一歩は需要の予測です。次のような手順で予測を立てます。

- 顧客に提示しなければならない**SLAとビジネスニーズ**を理解する。たとえば、データの最後のバッチが午後10時に届き、顧客部門には午前8時にリフレッシュされたダッシュボードを提供することを約束している場合、処理のために使える時間が10時間あることになります。余裕を見て8時間とすべきかもしれません。
- クラウド上での**リソース利用状況**を理解する。ほとんどのクラウドプロバイダは、どれぐらいのリソースを使っているかを理解するためのモニタリング、オブザーバビリティソリューションを提供しています。たとえば、4個の仮想CPU（vCPU）と1GBのメモリを持つクラスターがあり、オブザーバビリティツールでワークロードがCPUを80％、メモリを20％使っていることがわかったら、もっとCPUが強力でメモリが少ないSKU（Stock Keeping Unit）やクラスタータイプに変えるか、余っているメモリを何らかの計算結果のキャッシュとして利用し、CPUの負荷を軽減することを検討します。
- **需要のピークと利用状況のピーク**のためのプランを立てる。クラウドの弾力性はクラウドへの移行の大きなメリットです。しかしそれだけで満足するのではなく、需要のピーク時にリソースをどのようにスケーリングするかの正確なプランを用意することが大切です。たとえば、今日のワークロードは、4個のvCPUと1GBのメモリを持つ1個のクラスターでさばけたとします。では、予算締め日間際の経理サービスとか小売販売業の休日需要の準備などで負荷の突然の急上昇が予想される場合、どのようなプランを立てるべきでしょうか。既存のクラスターのリソースを増強すべきでしょうか、それともジョブが十分にセグメント化されているのでオンデマンドでクラスターを追加すべきでしょうか。ピーク時にはオンプレミスシステムから通常よりも多くのデータを移動し

なければならない場合、ネットワーク容量の適切な増加のプランが立ててある
でしょうか。

● スケーリングには、水平スケーリングと垂直スケーリングのどちらかの戦略を
使えます。**水平スケーリング**（horizontal scaling）は**スケールアウト**（scaling
out）とも呼ばれ、スケーリングの単位（たとえばVMやクラスター）に注目
し、これらの単位を増やします。アプリケーションもスケーリングンの単位を
意識しなければなりません。**垂直スケーリング**（vertical scaling）は**スケール
アップ**（scaling up）とも呼ばれ、スケーリングの単位には手を付けず、オン
デマンドでリソース（たとえばCPUやメモリ）を追加します。ビジネスニー
ズ、SLA、実装に与える影響が把握できていれば、どちらの戦略でもうまく機
能します。

表4-3は、キャパシティプランニングのモニタリングと評価で考慮すべき要素をま
とめたものです。ほかのワークロードに影響を与えることなく、重要な本番ワーク
ロードを実行できるようにする予約モデルについても検討するとよいでしょう。

表4-3 キャパシティプランニングで考慮すべきポイント

コンポーネント	考慮すべきポイント
IaaSコンピューティング	vCPU（コア）、メモリ、SKU（VMのタイプ）、キャッシュ、ディスクサイズ（GB/TB）、毎秒のトランザクション数（TPS）
PaaSコンピューティング	クラスターサイズ、vCPU（コア、指定できる場合）、PaaSプロバイダが公開している課金単位
ストレージ	データサイズ（TB/PB）、毎秒のトランザクション数（TPS）、パフォーマンスによるストレージのティア（フラッシュ、ディスク、テープドライブの順にパフォーマンスが下がっていく）
データウェアハウス	SKU：コンピューティング、ストレージ、トランザクションに着目する
ネットワーキング	イングレスとデータ転送、ティア（標準/プレミアム）、プライベートネットワークへのゲートウェイ

キャパシティのニーズをできる限り正確に推測したければ、実行するワークロード
に近い状態にスケーリングしたPoCを実行するとよいでしょう。PoCは、本番ワー
クロードに近いデータセット分布を使わなければなりません。稼働しているオンプレ
ミスシステムがあるなら、既存ワークロードをクラウドで実行するとよいモデルにな
ります。クラウドプロバイダが提供しているクラスターやサーバーレス製品の自動ス

ケーリング機能を使っている場合は、これらの大半は自動的に処理されます。

4.3.3 データ形式とジョブプロファイル

　データ形式の選択は、データレイクのパフォーマンスとスケーラビリティにきわめて大きな影響を与えます。構造化データストレージシステム（データベースやデータウェアハウス）では、データ形式は当然の前提なのでかえって意識されないのが普通です。これらでは、データはデータベース/データウェアハウスサービスのトランザクションパターンにとって最適な形式で格納されていました。しかし、データレイクストレージに対して実行されるデータ処理アプリケーションは多彩であり、複数のエンジンで同じデータが使われることが前提となっているので、それぞれの分析にとって適切なデータ形式は、ビッグデータアーキテクトと開発者たちが選択しなければなりません。もっとも、データレイクハウスが広く使われるようになり、バッチ、ストリーミング、対話的処理のすべてで使えるApache Sparkのようなテクノロジーが普及したため、Apache Parquet（https://parquet.apache.org）やParquetが基礎となっているDelta Lake（https://delta.io）、Apache Iceberg（https://iceberg.apache.org）などがデータレイクソリューションの最適なデータ形式として広く使われているようになっています。データ形式については、**6章**で詳しく取り上げます。

　データ形式以外でスケーラビリティのニーズに影響を与えるものとしては、ビッグデータ処理ジョブの構造があります。一般にジョブはインポートと処理のさまざまなステージに分割できます。しかし、すべてのステージが同じではありません。たとえば、あなたのジョブが次のようなステップから構成されているものとします。

1. 1億5千万個のレコードを持つデータセットを読み込む。
2. フィルタリングして処理する意味のある5千万個だけにレコードを絞り込む。
3. 5千万個のレコードに変換をかけて出力データセットを生成する。

　この分析で、入力データセットが複数の小さなファイルから構成されている場合、それがジョブ全体のスケーラビリティを大きく下げるでしょう。複数の小さなファイルを少数の大きなファイルにまとめるという新しいステージをジョブに追加すると、ソリューションはよりスケーラブルになります。

4.4　まとめ

　この章では、クラウドデータレイクアーキテクチャのスケーラビリティの側面を深く掘り下げ、スケーラビリティとパフォーマンスが密接な関係を持っていることを示しました。コンピューティングとストレージが切り離されているビッグデータアーキテクチャと両者が密結合しているアーキテクチャを比較し、この分離がスケーラビリティに与える影響を見てみました。また、クラウドデータレイクアーキテクチャのスケーラビリティに影響を与えるさまざまなポイントも検討しました。適切なクラウド製品の選択、キャパシティプランニング、クエリパターンに合ったデータの形式とまとめ方のチューニングなどです。これらは、10倍までスケーリングできるようにデータレイクをチューニングするために知っておかなければならないことです。**5章**では、この章で学んだスケーラビリティの基本概念をもとにパフォーマンスの最適化に取り組みます。

5章
クラウドデータレイク
アーキテクチャの
パフォーマンスの最適化

単純は究極の洗練である。
　　―― レオナルド・ダ・ヴィンチ

　もっともシンプルにパフォーマンスを定義するならば、それは「仕事をタイムリーに完了させる能力」です。しかし、クラウドサービスの分野では「パフォーマンス」という言葉は多様な意味を持ち、それはパフォーマンスを測る尺度が1つではないためです。この章では、パフォーマンスの階層構造を掘り下げ、クラウドデータレイクにおけるパフォーマンスが何を意味するのか、そのさまざまな側面を探ります。また、クラウドデータレイクを最適化し、チューニングすることでパフォーマンスを最大限に高めるための戦略についても深く理解を深めていきます。

5.1　パフォーマンス計測の基礎

　パフォーマンスという言葉を使うとき、多くの人はフィニッシュラインを越えて世界記録を樹立するランナーのような状況を想像するかもしれません。しかし、一般的な目標は、タスクを成功させて完了すること、そして観客の期待に応え、時にはそれを超える成果を達成することです。クラウドデータレイクの文脈では、パフォーマンスは設定された目標に基づいてタスクを遂行し、それを達成する能力を指します。

　タスクのパフォーマンスには2つの側面があり、パフォーマンスの計測方法はこれら2つの要素を組み込んだものでなければなりません。

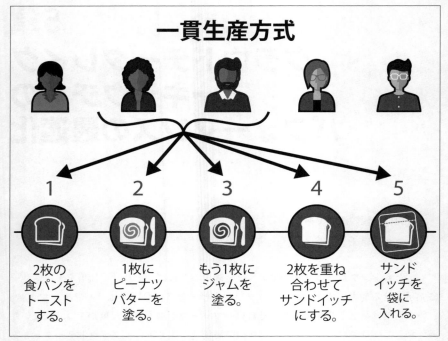

図5-1　一貫生産方式のサンドイッチ作り

レスポンスタイム

　　タスクの完了までにどれだけの時間がかかったか

スループット

　　どれだけの量の出力が得られたか

「4.1.2　日常生活におけるスケーラビリティ」で使ったサンドイッチ作りの例をも
う1度使いましょう。あのときは、**図5-1**のような一貫生産（エンドツーエンド）方
式と**図5-2**のような生産ライン方式の2つのアーキテクチャを取り上げました。この
2つの例でパフォーマンスを計測してみましょう。

5.1.1　パフォーマンスの目標と指標

　先ほど言ったように、パフォーマンスにはレスポンスタイムとスループットの2つ

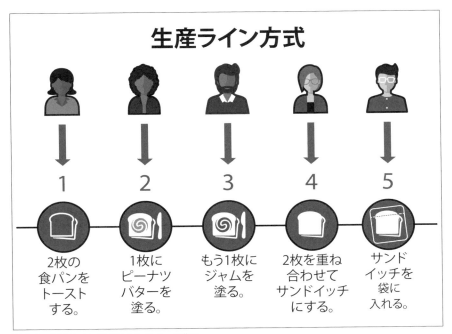

図5-2　生産ライン方式のサンドイッチ作り

の要素があります。パフォーマンスを測定するためには、目標を設定しなければなりません。サンドイッチ作りの例では、目標は5個のサンドイッチを作ることです。次に、比較的計測しやすい測定値を明らかにする必要があります。単純化のために、すべての作業者（ワーカー）が同じ時間でサンドイッチを作るものとし、タスクとタスクの間に移行時間が入らないものとします。考慮すべき値には可変のものと不変のものがあります。

可変値

次の値は可変です。つまり、増減させてチューニングできる値です。

- ワーカー数＝5人
- トースター数＝4枚のパンを入れられるものが1台
- ピーナツバターの瓶＝1個
- パンの袋＝1つ
- 製品を入れる袋＝5枚（サンドイッチの数）

定数値

可変値と比べて安定している値です。この例では、作業の各ステップにかかる
時間がこれに当たります。

- ステップ1：パンをトーストする＝30秒
- ステップ2：1枚にピーナッツバターを塗る＝5秒
- ステップ3：もう1枚にジャムを塗る＝5秒
- ステップ4：2枚を重ね合わせる＝1秒
- ステップ5：サンドイッチを袋に入れる＝4秒

　リソースに限りがあるので、自分のタスクに入るまでにリソースが空くのを待たな
ければならない人が出てくることがあります。そのため、5個のサンドイッチの完成
までにかかる時間はまちまちになります。

　間違って本書に料理本のページが紛れ込んだのではないかと思われているかもしれ
ませんが心配は無用です。クラウドデータレイクアーキテクチャには、トースターや
ピーナッツバター瓶のように、処理を実行するために一定の時間を要するストレージ、
ネットワーキング、コンピューティングといった要素が存在し、これらがビッグデー
タ処理のシナリオにおいて重要な役割を果たしています。これらのコンポーネントの
動作にかかる時間を最適化し、コンポーネントの数を調整することにより、クラウド
データレイクのパフォーマンスも最適化できます。サンドイッチ作りのたとえでこれ
らのコンセプトを説明しているのは、パフォーマンスの最適化を可視化し、クラウド
データレイクアーキテクチャに応用しやすくするためです。

5.1.2　パフォーマンスの計測

　では、サンドイッチ作りにかかる時間を知るために、私たちが定義した可変値を操
作してみましょう。

　一貫生産方式では、サンドイッチを作るために必要なタスクを1人のワーカーが逐
次的に実行します。サンドイッチ作りの過程を分解してみましょう。ワーカー1と
ワーカー2は、私たちのストップウォッチが0秒を指しているときからすぐにトース
ターを使えますが、ほかの3人はトースターが空くのを待たなければなりません。同
様に、トーストが終わったあと、ワーカー1はすぐにピーナッツバター塗りに入れます
が、ワーカー2はその作業が終わるのを待たなければなりません。

　作業が00:00（0分0秒）に始まった場合、サンドイッチ作りが完了するまでの時間

は**表5-1**に示すようになります。

表5-1　一貫生産方式でサンドイッチ作りにかかる時間

サンドイッチ	ステップ1	ステップ2	ステップ3	ステップ4	ステップ5	00:00からの時間
1	00:00 – 00:30	00:30 – 00:35	00:35 – 00:40	00:40 – 00:41	00:41 – 00:45	45秒
2	00:00 – 00:30	00:35 – 00:40	00:40 – 00:45	00:45 – 00:46	00:46 – 00:50	50秒
3	00:30 – 01:00	01:00 – 01:05	01:05 – 01:10	01:10 – 01:11	01:11 – 01:15	75秒
4	00:30 – 01:00	01:05 – 01:10	01:10 – 01:15	01:15 – 01:16	01:16 – 01:20	80秒
5	01:00 – 01:30	01:30 – 01:35	01:35 – 01:40	01:40 – 01:41	01:41 – 01:45	105秒

　生産ライン方式では、個々のワーカーは1つのタスクだけを行い、自分のタスクが終わったら次のワーカーに作りかけのサンドイッチを渡していくという異なる生産モデルを採用しているので、かかる時間も異なります。この場合、ワーカー1は2個のサンドイッチのためにパンをトーストすると、次の2個分のトーストに移ります。その間に、最初の2個の作りかけのサンドイッチは第2、第3のワーカーに渡され、それぞれピーナッツバターとジャムが塗られます。

表5-2　生産ライン方式でサンドイッチ作りにかかる時間

サンドイッチ	ステップ1	ステップ2	ステップ3	ステップ4	ステップ5	00:00からの時間
1	00:00 – 00:30	00:30 – 00:35	00:35 – 00:40	00:40 – 00:41	00:41 – 00:45	45秒
2	00:00 – 00:30	00:35 – 00:40	00:40 – 00:45	00:41 – 00:42	00:42 – 00:46	46秒
3	00:30 – 01:00	01:00 – 01:05	01:05 – 01:10	01:10 – 01:11	01:11 – 01:15	75秒
4	00:30 – 01:00	01:05 – 01:10	01:10 – 01:15	01:11 – 01:12	01:12 – 01:16	76秒
5	01:00 – 01:30	01:30 – 01:35	01:35 – 01:40	01:40 – 01:41	01:41 – 01:45	105秒

　4章でも触れたように、パフォーマンスの計測値は1つだけではありません。この

例では、5個のサンドイッチを作るためにかかる時間はどちらでも105秒でしたが、パフォーマンス特性を計測するためには、所要時間の60パーセンタイルと80パーセンタイルも見る必要があります。ここではすべての計測値が小さい順に並んでいるので、60％目と80％目の値を見ればこれらの値がわかります。

　この例では、どちらのアーキテクチャでも60パーセンタイルは75秒でしたが、80パーセンタイルは一貫生産方式では80秒だったのに対し、生産ライン方式では76秒になっています。

　クラウドデータレイクアーキテクチャでは、サンドイッチ作りの場合と同様に、パフォーマンスは1個の作業単位（ジョブ〔job〕と呼ばれます）で測るのではなく、同時に実行している複数のジョブのパーセンタイルで測ります。具体的にはジョブの平均完了時間（50パーセンタイル）と最悪な条件での完了時間（75または90パーセンタイル）です。なぜこのような計測方法を使うかというと、実際のクラウドデータレイクは非常に多くのジョブを同時に実行するからです。たとえばコピージョブの場合、論理ジョブは数百から数千個のファイルのコピーから構成され、コピーにかかる時間はリソースが使えるタイミングによって左右されます。これはトースター待ちが入るサンドイッチ作りと同じです。

5.1.3　スピードアップのための最適化

　表5-1と表5-2を見ると、次のようなことがわかります。

- 最大のボトルネックは、パンをトーストするために30秒もかかるトースターにある。
- ステップ2からステップ5までの担当者には、空き時間がある。それどころか、空き時間の方が仕事をしている時間よりも長い。
- 生産ラインアプローチでも一貫生産方式でも結果に大差はないが、2枚のパンを重ね合わせるための時間を最適化している分、生産ライン方式の方がわずかに早い。
- ステップ4、5には共有リソースをめぐる競合がない。ステップ4はリソースを必要とせず、ステップ5は共有しなくてもよいぐらいにリソースがたっぷりある。

　パフォーマンスを最適化するためにはさまざまな選択肢があります。

- リソースを追加する。具体的には、トースターを2台、ピーナッツバターとジャムの瓶をそれぞれ2本ずつにします。
- 作業分担を変える。これができるのは、生産ライン方式だけです。ワーカーを2人増やして7人にし、ステップ2（ピーナッツバター塗り）とステップ3（ジャム塗り）に2人ずつ、ステップ4（パンの重ね合わせ）とステップ5（サンドイッチの袋詰め）をまとめて1つのステップにします。一貫生産方式にはこのような柔軟性はありません。

以上の変更を加えると、2つのアーキテクチャのパフォーマンスは**表5-3**、**表5-4**に示すように変わります。

表5-3　リソースを追加したあとの一貫生産方式でサンドイッチ作りにかかる時間

サンドイッチ	ステップ1	ステップ2	ステップ3	ステップ4	ステップ5	00:00からの時間
1	00:00 – 00:30	00:30 – 00:35	00:35 – 00:40	00:40 – 00:41	00:41 – 00:45	45秒
2	00:00 – 00:30	00:30 – 00:35	00:35 – 00:40	00:40 – 00:41	00:41 – 00:45	45秒
3	00:00 – 00:30	00:35 – 00:40	00:40 – 00:45	00:45 – 00:46	00:46 – 00:50	50秒
4	00:00 – 00:30	00:35 – 00:40	00:40 – 00:45	00:45 – 00:46	00:46 – 00:50	50秒
5	00:30 – 01:00	01:00 – 01:05	01:05 – 01:10	01:10 – 01:11	01:11 – 01:15	75秒

生産ライン方式ではモデル自体が変わっており、かかる時間も変わっています。

表5-4　リソースを追加し、ワーカーに対する作業の割り当てを変えたあとの生産ライン方式でサンドイッチ作りにかかる時間

サンドイッチ	ステップ1	ステップ2	ステップ3	ステップ4および5	00:00からの時間
1	00:00 – 00:30	00:30 – 00:35	00:35 – 00:40	00:40 – 00:45	45秒
2	00:00 – 00:30	00:30 – 00:35	00:35 – 00:40	00:40 – 00:45	45秒

表5-4 リソースを追加し、ワーカーに対する作業の割り当てを変えたあとの生産ライン方式でサンドイッチ作りにかかる時間（続き）

サンドイッチ	ステップ1	ステップ2	ステップ3	ステップ4および5	00:00 からの時間
3	00:00 – 00:30	00:35 – 00:40	00:40 – 00:45	00:45 – 00:50	50秒
4	00:00 – 00:30	00:35 – 00:40	00:40 – 00:45	00:45 – 00:50	50秒
5	00:30 – 01:00	01:00 – 01:05	01:05 – 01:10	01:10 – 01:15	75秒

　チューニングにより、5個のサンドイッチ作りにかかる時間はどちらのアーキテクチャでも75秒に短縮され、60、80パーセンタイルはともに50秒に短縮されました。結果はどちらのアーキテクチャでも同じになりましたが、リソースの追加以外にパフォーマンス向上の手段がない一貫生産方式よりも生産ライン方式の方が柔軟にチューニングできることは明らかです。一貫生産方式ではワーカーに対する作業の割り当てを変えられず、この場合のようにこれ以上ワーカーを追加投入しても無意味なことがあります。

　一般にパフォーマンスはこのようにして測定し、最適化していきます。対象がわずか5個のサンドイッチ作りではなく、クラウドデータレイク上の数百万、数千万のオペレーションになるだけです。この例にはまだ突っ込みどころがたくさんあります。たとえば、生産ライン方式なら、ワーカー2がサンドイッチ2のステップ2をしているときにワーカー3がサンドイッチ3のステップ3を実行し、次にワーカー2がサンドイッチ3のステップ2、ワーカー3がサンドイッチ2のステップ3を実行すれば（つまり並列処理をすれば）5秒稼げるでしょう。しかし、これはリソースの追加、生産ライン方式の採用、作業割り当ての変更などのチューニングの方法を説明するための人工的な例に過ぎません。本気で最適化しようとすればこのような単純な例でも難しいということです。

　計測値の50パーセンタイルは平均的なふるまいの目安、90パーセンタイルは負荷が高いときのふるまいの目安になります。そして、75パーセンタイルで目標として設定したふるまいを実現したいところです。これで最適化とは何かということが理解できました。次に、これをどのようにしてクラウドデータレイクに当てはめていくかを考えましょう。

5.2　クラウドデータレイクのパフォーマンス

　データレイクの世界では、バッチパイプラインであれ、対話的なクエリであれ、データコピーであれ、パフォーマンスはジョブの完了までにかかる時間と単位時間あたりにこなせるジョブ（処理、クエリできるデータ）の量、すなわちスループットによって計測されます。サンドイッチ作りの例でも明らかなように、パフォーマンスは行っているジョブや満足させなければならないビジネス要件から大きな影響を受けます。サンドイッチ作りの場合、午前8時までの配達を求められれば、それがケータリング会社の目標になります。サンドイッチは新鮮さが必要なので、いくらでも早く作ればよいということにはなりません。そこで、許容されるタイムウィンドウに合うように、ケータリング会社はワーカー（サンドイッチ作りをする人）とリソース（ピーナツバターとジャムの瓶、トースター）を調整します。ワーカーとリソースの確保のためにケータリング会社は余分にコストをかけなければなりませんが、それだけの投資をしなかったりリソースを適切に使わなかったりすれば、注文通りに配達できず、顧客満足や収益を損ねるリスクを負います。それに対し、衣料品を作って売る仕立て屋なら、あらかじめ予備の衣類を作って在庫を用意しておけば、ワーカーとリソースだけでなく時間も操作できます。

　これと同じように、パフォーマンスの高いデータレイクのアーキテクチャを設計するための第一歩は、こなさなければならないジョブの性質とジョブが満たさなければならない要件を理解することです。

5.2.1　SLA、SLO、SLI

　パフォーマンスの要件を定義するときに理解しておかなければならない用語が3つあります。

SLA（サービスレベル契約：service-level agreement）
　　SLAとは、顧客に必ず保証すると約束する事項のことです。SLAは、時間、データの新鮮度、その他の計測値、あるいはそれらの計測値の組み合わせによって定義されます。これらの指標は顧客にとってわかりやすい表現で表されます。たとえば、ビジネスアナリストが使うデータウェアハウスの場合、前日午後9時までの売上予想用データが当日午前10時までに利用できるようになっている日が99%以上になることを約束します。SLAはサービスプロバイダと顧客の間の契約であり、SLAを満たせなければ特約条項が適用されたり、金銭

的補償が発生したりすることになります。

SLO（サービスレベル目標：service-level objective）

SLOは、SLAを満たすために必要な目標としてソリューションのブロックごとに定義されます。この指標は顧客レベルの指標をシステムレベルの指標に翻訳した形で計測されます。たとえば、午前10時までにデータウェアハウスで売上予想用データを使えるようにするためには、このデータを処理するSparkジョブは余裕を見て午前8時までに完了していなければならないとします。Sparkジョブの入力データが午前5時まで揃わないなら、SparkジョブのためのSLOは、3時間以内での完了ということになります。SLOを満足させられないなら、SLAを守れなくなる危険があるので、チームは対処が必要になります。

SLI（サービスレベル指標：service-level indicator）

SLIもソリューションのブロックごとに定義されますが、ブロックのコンポーネントごととという深いレベルまで掘り下げたものになります。SLIは、システムが実際にどのように動作しているかの計測値です。たとえば、このSparkジョブのSLIは、エグゼキューターとドライバーのパフォーマンスの50、75、90パーセンタイルと、ジョブが使っているCPU、メモリ、ストレージ、ネットワークの利用状況になります。SLIはSLOを満たせるかどうかを示す指標であり、悪ければリスク調査に踏み込むことになります。

5.2.2　クロダースコーポレーションはSLA、SLO、SLIをどのように管理しているか

以上の概念を具体的にイメージするために、本書で例として使っている架空の企業、クロダースコーポレーションで営業チームの要件を満たすために何をしているかを見てみましょう。クロダースコーポレーションは毎日午前9時に自社製品の日次売上データを経営陣に報告するブリーフィングを実施します。このデータは経営陣のその日の予定や時間配分を決めるために役立ち、在庫計画のためにも使われます。SLAはこの要件に沿ったものになります。営業チームとデータチームは、営業ダッシュボードが午前9時に新しいデータに更新されるようにするという契約を交わします。これは、データチームが営業チームに約束したSLAです。

データチームは、このSLAから逆算する形でコピージョブとSparkジョブの要件を定義します。データチームは、最新データが午前3時までに営業データベースに届き、Sparkジョブの入力としてこのデータのダンプをデータレイクストレージにコピーし

なければならないことを知っています。Sparkジョブは営業データベースのデータと
その他のデータを処理して営業ダッシュボードのもとになるデータセットを作りま
す。データチームはこの知識に基づいてコピージョブとSparkジョブの目標終了時
間を設定します。Sparkジョブは予想外の問題が発生したときのために1時間の余裕
を見て、午前8時までに完了していなければなりません。そのため、データチームは
SLAを満足させるために午前3時から午前8時までの5時間を使えることになります。
データチームはいくつかのPoCを実行した結果、コピージョブは3時間以下、Spark
ジョブは2時間以下で実行することを目標とします。これらがSLOになります。

　データチームは、次にコピージョブとSparkジョブの進行状況と詳細な指標を追跡
するための指標ダッシュボードを作ります。これらの指標がSLIになります。以上を
まとめると**図5-3**のようになります。

図5-3　クロダースコーポレーションの営業ダッシュボードのSLA、SLO、SLI

　クロダースコーポレーションのデータレイクアーキテクチャにおけるこれらの位置
づけは、**図5-4**に描いたようなものになります。

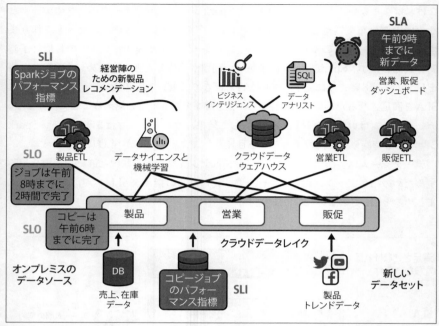

図5-4　クロダースコーポレーションのデータレイクアーキテクチャとSLA、SLO、SLIの関係

SLAを満足させつつ、データチームのコストと運用上の負担を軽減するために、どのようなアーキテクチャとコンポーネントを選択するかがこれらによって決まります。

5.3　パフォーマンスドライバー

「4.2　データレイク処理システムの内部構造」では、データコピージョブとETL/ELTジョブを使ってビッグデータ処理エンジンの内部構造を説明しました。この節では、この知識をもとに、個々のシナリオのパフォーマンスドライバーを明らかにしていきます。

5.3.1　コピージョブのパフォーマンスドライバー

コピージョブは、基本的にコピー元となるストレージシステムからコンテンツを読み出し、コピー先のストレージシステムに書き込みます。コピージョブのパフォーマ

ンスドライバーは、基本的にボトルネックになる可能性のあるワーカーと共有リソースで、具体的な内容はコピーするもののタイプと量によって左右されます。たとえば、多数の小さなオブジェクトがある場合には、個々のオブジェクトを読み出す時間を短縮するためにワーカーの数を増やせば、ジョブのパフォーマンス全体が向上します。しかし、十分なネットワーク帯域幅がなければ、ワーカーはネットワークが使える状態になるまでファイルの読み出し、コピーを始められません。これでは、「5.1 パフォーマンス計測の基礎」のサンドイッチ作りの例でトースターが空くまでワーカーが待たなければならなかったのと同じように、ワーカーがアイドル状態になります。コピージョブの内部動作にこれらのパフォーマンスドライバーを描き加えると、図5-5のようになります。これらのパフォーマンスドライバーは、コピージョブのパフォーマンスをチューニングするために変更できる変数です。

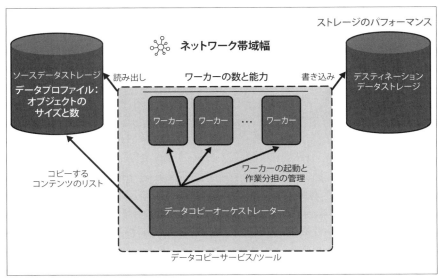

図5-5 コピージョブのパフォーマンスドライバー

コピージョブは、パブリッククラウドプロバイダが提供している Azure Data Factory（https://azure.microsoft.com/ja-jp/products/data-factory）、AWS Data Pipeline（https://docs.aws.amazon.com/ja_jp/data-pipeline）、AWS Glue（https://aws.amazon.com/glue）といった変換サービスによって実行されます。AWS Glue

とAzure Data Factoryは、データコピーに加えてELT処理とのインテグレーションも提供しています。コピージョブは、データインテグレーション機能を提供するFivertran、WANdisco、StitchなどのISVも提供しています。また、IaaS VMをプロビジョニングし、Apache Airflow（https://airflow.apache.org）のようなソフトウェアで独自のデータ移動ジョブを書いてデータコピージョブをオーケストレートするという方法もあります。コピージョブのパフォーマンスを上げるために操作できる部分としては、次のものがあります。

ワーカーの数とパワー

PaaSソリューションは、ジョブのパフォーマンスを上げるために増減できるパッケージ化された作業単位を提供しています。たとえば、Azure Data Factoryのデータ統合単位（DIU）（https://learn.microsoft.com/ja-jp/azure/data-factory/copy-activity-performance#data-integration-units）のようなものです。IaaSやVMを使っている場合には、CPU数、メモリ容量といったVMの構成をチューニングするほか、データコピージョブの並列実行ユニット数（並列実行できるワーカーの数）の設定を操作することができます。

ネットワーク帯域幅

ネットワーク帯域幅はソースとデスティネーションを結ぶ管にたとえられます。帯域幅を広げれば、管が太くなり、より多くのデータを並列転送できます。ネットワーク帯域幅を広げる方法はたくさんあります。同じリージョンのクラウドリソースの間でデータを転送するときには、クラウドプロバイダが自動的に帯域幅を調整してくれます。オンプレミスシステムからクラウドへのデータ転送では、クラウドプロバイダからオンプレミスデータセンターまでの専用ネットワーク接続を申し込むとよいでしょう。たとえば、Google CloudのDedicated Interconnect（https://cloud.google.com/network-connectivity/docs/interconnect/concepts/dedicated-overview?hl=ja）などがあります。ISP（インターネットサービスプロバイダ）に帯域幅に広いネットワーク接続を申し込むという方法もあります。

データのサイズと形式

小さなファイルが多数ある場合には、データコピージョブのパフォーマンスは下がります。接続のセットアップとデータコピーの準備作業はサンクコスト、オーバーヘッドであり、ファイルの大きさとは無関係に固定コストがかかるか

らです。そのため、このオーバーヘッドをかけてコピーされるデータ量は小さくなり、ROI（投資利益率）が下がります。クラウドデータレイクにデータをコピーする前に複数の小さなファイルを大きなファイルにまとめればこの点で効果があります。ファイルをApache Parquetのようなストレージフレンドリーなデータ形式にするのも効果的です。

5.3.2　Sparkジョブのパフォーマンスドライバー

Sparkジョブはコピージョブよりもパフォーマンスに影響を与える要素が非常に多く、Sparkクラスターのパラメーターという形でさまざまな最適化をかけられます。Sparkジョブのパフォーマンスドライバーは、概念的な観点から4種類のカテゴリに分類でき、それぞれのカテゴリに複数のパラメーターがあります。

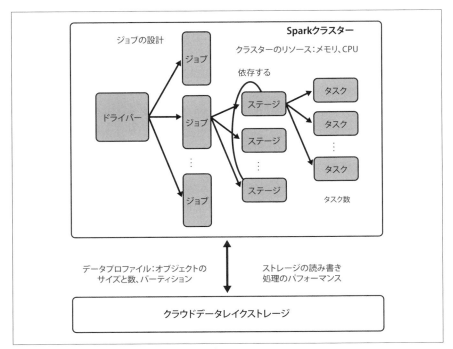

図5-6　Sparkジョブのパフォーマンスドライバー

図5-6は、Sparkジョブの内部に関連したパフォーマンスドライバーを示してい

ます。

　Sparkジョブのパフォーマンスを制御するパラメーターの4つの種類は次の通り
です。

スパーククラスターの構成

　　このカテゴリの設定は、Sparkを実行するPaaS、IaaSに割り当てられるメモリ、
CPUリソースの容量、能力です。PaaSは、ドライバーとエグゼキューターの
ノードに割り当てられるリソースという形でこの設定を操作できるようにして
います。復習しておくと、ドライバーはエグゼキューターにデータをどのよう
に振り分けるかを決めるSparkジョブのオーケストレーターで、エグゼキュー
ターは実際の計算、つまり割り当てられたデータセットの一部に対してSpark
ジョブを実行するワーカーです。たとえば、**図5-7**はDatabricksドキュメント
ページ（https://oreil.ly/XJUUF）で説明されているDatabricks on AWSクラ
スターの設定ページのスクリーンショットです。ドライバーノードとして使う
EC2（Elastic Compute Cloud）VMのタイプ、エグゼキューターノードとし
て使うEC2 VMのタイプと数を指定できます。ここには、コア（CPUに当た
るもの）の数とメモリのサイズも表示されます。Databricksは、ジョブの需要
に応じて計算リソースを自動的にスケールアップ/ダウンする自動スケーリン
グサービスも提供しています。

IaaS VM上でSparkを実行する場合には、自分でVMのタイプと数を管理しま
す。ここで問題になるのは、必要なリソースの大きさをどのようにして決める
かです。最初は既存のベストプラクティスの記事に従うのもよいでしょうが、
私の考えでは、ジョブで必要なリソースを正確に把握したければ、ジョブのス
ケールダウン版であるPoCを実行してリソース消費の特性を調べるのが一番
です。

図5-7 Databricks on AWS クラスターの設定

Sparkジョブの構成

このカテゴリのパラメーターは、Sparkジョブをどのように実行可能チャンク
に分割し、これらのチャンクにどのようにしてリソースを効果的に使わせるか
をチューニングします。この点についての理解を深めるために、Sparkジョブ
がどのようにして実行されるかを「5.4.3　Apache Sparkの適切な構成の選択」
で説明し、その中でこれらのパラメーターについても説明します。

データレイクストレージのパフォーマンス：IOPS（1秒あたりのI/O処理数）、
スループット、ほかのジョブとの競合

データレイクアーキテクチャでパフォーマンスを論じるときにもっとも話題に
上がらないリソースがデータレイクストレージです。データレイクストレージ
は弾力的にスケーリングされ、特に設定すべきことはありませんが、大切なの
は、データレイクストレージがその上で実行される複数のコンピューティング
エンジンによって共有されるリソースだということです。IOPSは、1秒間に
実行できるストレージトランザクション（読み出し、書き込み、メタデータ操
作）の数です。**スループット**は、1秒間に入出力できるデータの量です。Spark
ジョブとほかのジョブが同じデータセットを取り合ったり、AWS S3バケット
やAzureストレージアカウントなどの共有ストレージリソースの確保で競合し
たりすると、そこがボトルネックになります。ジョブを適切にオーケストレー
トしてボトルネックを避けるようにすれば、この問題への対処方法の1つにな
ります。

データのプロファイル：数、サイズ、形式、パーティショニング

データ形式はジョブのパフォーマンスで重要な役割を果たすので、おそらく
データレイクアーキテクチャで最初に最適化できる場所になるでしょう。デー
タのプロファイルはデータプラットフォームチームが完全に支配権を持ってい
る領域であり、その最適化はジョブのパフォーマンスを向上させるだけでな
く、必要なリソースを大幅に減らすことによるソリューション全体のコスト削
減にもつながります。「5.4.1　データ形式」では、データ形式の細部について
深掘りします。

Sparkジョブのネットワーク帯域幅について

Sparkジョブの制約になるものとしてネットワーク帯域幅に触れなかったこと
に気づかれたでしょうか。それは、Sparkジョブを設計するときにはできる限
りコンピューティングをストレージに近づけなければならないからです。しか
し、リージョン間データアクセスなどのシナリオがある場合には、ネットワー
ク帯域幅は間違いなく制約条件の1つになります。

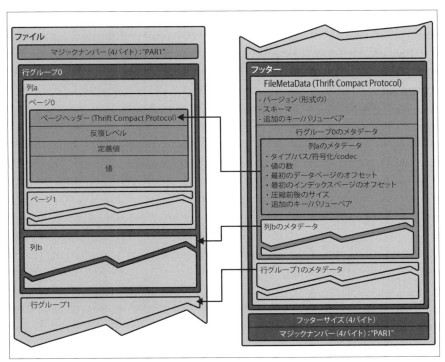

図5-9 Apache Parqut データ形式

表5-5 この例で使ったニューヨークのイエローキャブの運行記録データフィールド

フィールド	説明
VendorID	このデータをシェアしたプロバイダ
tpep_pickup_datetime	メーターを入れた日時
tpep_dropoff_datetime	メーターを止めた日時
passenger_count	乗客数
trip_distance	移動距離
payment_type	支払いタイプ（無賃、係争中を含む）
fare_amount	メーターが示した料金
tip_amount	クレジットカード払いのチップ
total_amount	料金、チップ、税の合計額

　Parquet形式では、このデータはイエローキャブの運行記録を格納する行グループ
に格納されます。この行グループには、VendorIDのために1個の列チャンク、乗車

日時のために1個の列チャンク、降車日時のために1個の列チャンク等々が含まれています。列チャンクには、実際のデータが書かれているデータページが含まれます。このParquetファイルのフッターには、索引として各列のデータの範囲が書かれています。

　2022年1月5日のすべてのタクシー運行の料金、チップの合計を調べてみましょう。クエリは例5-1のようになります。論理的には次の処理を行っていることになります。

1. 2022年1月5日のトランザクションのみのフィルタリング
2. 料金とチップの選択と合計額の計算

例5-1　2022年1月5日のすべてのタクシー運行による料金、チップの合計額を調べるための
　　　　クエリの擬似コード

```
select (sum of fare_amount) and (sum of tip_amount)
from yellow_taxi_trip_table
where
tpep_pickup_datetime is between 12 AM and 11:59 PM on January 5, 2022 and
tpep_dropoff_datetime is between 12 AM and 11:59 PM on January 5, 2022
```

　CSVファイルでこのクエリを処理しようとすれば、ストレージからコンピューティングにすべてのレコードをロードし、コンピューティングの一部としてフィルタリングと集計を実行しなければなりません。しかし、Apache Parquetファイルにクエリを送ったときに行われることはそのようなものではありません。

1. Parquetファイルのフッターを読み出し、行グループと列チャンクがファイル内のどこにあるかを調べ、tpep_pickup_datetimeとtpep_dropoff_datetimeを見る。乗車と降車が2022年1月5日以外の行グループは読みません。
2. 日付の範囲が一致した行グループからfare_amount、tip_amountの列だけを読み出し、コンピューティングエンジンによる集計のために返す。

　17個の列と数百万個の行を持つテーブルのうち、レコードのサブセットの2列だけを読み出し、その他の部分は読まずに済ませます。これだけでも、ストレージの読み出しとフィルタリングのためのコンピューティングを最小限に抑えて莫大な最適化効果があります。

Apache Parquetは、ブロックサイズと行グループサイズのために設定可能なパラメーターを提供しており、それを使えばクエリパターンに基づいてパフォーマンスを最適化できます。ブロックサイズと行グループサイズをできる限り近い値にすることがベストプラクティスの1つになっています。

Apache Parquet についてもっと深く知りたい方は、参考資料やブログが多数あるので、それらに当たってください。Apache Parquet のドキュメント（https://oreil.ly/ncveb）は、細部をていねいに説明してくれています。このドキュメントは、アナリティクスデータ処理の基礎をしっかりと理解できるように書かれているので、熟読することをお勧めします。また、Parquet とアナリティクスへの応用方法を深いところまで説明してくれる動画やチュートリアルもあるので、もっと深く学びたい方はそれらも利用するとよいでしょう。そのような動画の1つとして、ボードゥアン・ブラームス（Boudewijn Braams）が Spark + AI サミット 2019 で行った「The Parquet Format and Performance Optimization Opportunities（Parquet のデータ形式とパフォーマンスの最適化方法）」（https://oreil.ly/wkUep）というものがあります。Parquet がファイルサイズを縮小してコストを引き下げ、クエリの実行時間を短縮してパフォーマンスを向上させることを示す統計情報としては、Databricks が公開したものなどがあります（https://oreil.ly/EjvMb）。

5.4.1.2　その他のよく使われているデータ形式

Apache Parquet をベースとして構築された Delta Lake（https://delta.io）、Apache Iceberg（https://iceberg.apache.org）、Apache Hudi（https://hudi.apache.org）といったデータ形式も人気を集めています。これらはすべて Apache Parquet アーキテクチャを基礎とし、特定のシナリオのために最適化されています。Delta Lake は、データレイク上で BI の SQL 風のクエリをサポートするためのデータ形式です。Apache Iceberg は、データセットの変更管理を改善して、クラウドオブジェクトストレージシステムの追記専用アーキテクチャが持つ欠点を克服します。Apache Hudi は少しずつデータを流してくるデータパイプラインでのストリーミングデータ処理をサポートするために Uber が開発したデータ形式です。これらのデータ形式については、6章でもっと詳しく説明します。

5.4.1.3　クロダースコーポレーションはどのようにしてデータ形式を選んだか

アリスと彼女のチームは、自社システムにおけるデータ形式の重要性を理解してお

り、データ準備処理により、Apache Parquet形式でクレンジング、キュレーション済みデータを格納するようにしました。ユースケースの分析により、クエリやダッシュボードでもっとも使われているのが時間情報（たとえば、売上の日付、入庫の日付）と地域情報だということがわかっているので、日付別地域別に整理されるようにParquetファイルを最適化しました。これにより、ダッシュボードのクエリパフォーマンスは大幅に向上し、ビジネスアナリストが効率的に仕事を進められるようになりました。Parquet形式は圧縮度が高く、データストレージのコストが顕著に下がったことを示せたので、経理チームや経営陣はそれを高く評価しました。アリスと彼女のチームは、新たに開発しようとしている探索的なシナリオを実行するための第一歩として、Delta LakeやApache Icebergの評価も進めています。

5.4.2　データの整理方法とパーティショニング

　前節ではデータ形式の重要性について説明しましたが、これは実質的にファイル内でデータをどのように整理するかという問題です。データレイクにデータをロードしたりビッグデータ処理ツールでデータを書き込んだりするときには、これに加えてデータストレージ自体の整理方法を理解することが大切になります。たとえば、クローゼットの整理方法のことを考えてみましょう。スポーツウェアのセクション、よそ行きの特別な衣装のセクション、仕事着のセクションなどを作るでしょう。それらのセクションの中でも、さらに夏用と冬用を分けるなどの整理をするはずです。この節では、これと同じようにデータを格納するためにデータレイクにセクションをプロビジョニングし、セクション内のデータストレージを整理するときにどうするかを考えていきます。

　データの整理が重要なのはなぜでしょうか。理由は次の2つです。

- オブジェクト、ファイルの読み出しには、次の2つの処理が必要になる。
  - **メタデータ処理**：コンテンツのリストに基づくストレージ内のファイルの検索、呼び出し元がファイル/オブジェクトにアクセスしてよいかどうかを確かめるアクセスチェック、ファイル/オブジェクトの完全性チェックなど。メタデータ処理は非常に重要ですが、実際のデータを入手するためのオーバーヘッドでもあります。
  - **データ処理**：ファイル/オブジェクトの内容の読み書き。これらはビジネスと直接関係のある重要で価値の高い処理です。
- ストレージからコンピューティングへのデータ転送には、ネットワークを介し

たデータ転送が必要になる。

　これがパフォーマンスとスケーラビリティにどのような影響を与えるかを考えてみましょう。

　メタデータ処理は、実際のデータ処理にたどり着くまでのオーバーヘッドです。そのため、ビッグデータ処理の設計では、実際のデータの読み書きに対するメタデータ処理の比重が最小限に抑えられるようにしなければなりません。ファイルサイズが大きければメタデータ処理のオーバーヘッドが最小限に抑えられ、読み出し処理が効率的になることを具体例を使って見てみましょう。

それぞれ1MBの100個のオブジェクト

100MBのデータを読むために、100個のオブジェクトのメタデータ処理を実行しなければなりません。

それぞれ10MBの10個のオブジェクト

100MBのデータを読むために、10個のオブジェクトのメタデータ処理を実行しなければなりません。

100MBの1個のオブジェクト

100MBのデータを読むために、1個のオブジェクトのメタデータ処理をするだけで済みます。

　ほとんどの読み出し処理には、条件に基づいて読み出し対象を絞り込むクエリが付随しています。実行方法は複数考えられますが、どれを選んでも、ストレージとコンピューティングの間でネットワークを使ったデータ転送が必要になります。次の例で示すように、データの選択方法を改善すると、ネットワークを介して転送されるデータを最小限に抑えられます。

- ストレージから500MBのデータをコンピューティングに読み出し、コンピューティングエンジンでフィルタリングして重要な100MBを選び出すのでは、ネットワークで余分なデータを転送し、フィルタリングのために余分にコンピューティングを使うので効率が悪い。
- 500MBのデータを効率的に整理し、その整理方法を活用して必要な100MBのデータを見つけてネットワークに乗せれば効率がよい。

　データのパーティショニング（data partitioning）とは、必要なデータを簡単に取り出せるようにオブジェクト内のデータを整理することです。AWSやGoogle Cloudのバケット、Azureのフォルダとコンテナーのどちらで整理しても、検索の高速化につながります。表形式のデータでは、クエリでもっともよく使われる列に基づいてパーティショニングします。

5.4.2.1　クロダースコーポレーションにとって最適なデータの整理方法とはどのようなものか

　アリスと彼女のチームは、データのさまざまなパーティショニングの方法を探るために、システムの利用者の大半がクエリを送る売上データを見て、**図5-10**のようにさまざまな整理方法をブレインストーミングしました。

- **オプション1**：まず地域別に分類してからセールスパーソン別に分類する。この方法は、地域別の売上パターンがもっともよく使われ、次に担当セールスパーソンの成績がよく使われるときにもっとも効果的なものです。
- **オプション2**：まず最初に年月日別に分類し、次に地域別に分類する。この方法は、経時的なトレンドがもっともよく使われ、次に地域別の売上パターンがよく使われるときにもっとも効果的なものです。
- **オプション3**：まず地域別に分類し、次に年月日別に分類する。この方法は、地域別の売上パターンがもっともよく使われ、次に経時的なトレンドがよく使われるときにもっとも効果的なものです。

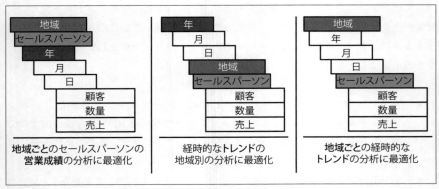

図5-10　クロダースコーポレーションのデータパーティショニングの方法

　彼らは利用者たちの意見を直接聞くとともに、データレイクとデータウェアハウスのクエリトレンドを見ました。そして、もっともよく使われるクエリのパターンは地域によるもので、次が経時的なトレンドによるものだということがわかりました。彼らはほかのデータセットについても同じ分析を行い、パーティションの区分が利用パターンに合ったものになるようにしました。

5.4.3　**Apache Sparkの適切な構成の選択**

　Apache Spark の内部構造については、「4.2.2.1　Apache Spark アプリケーションのコンポーネント」で説明しました。簡単におさらいしておくと、Spark アプリケーションには Spark ジョブのためのコードがあり、ジョブはステージに分割され、ステージはさらに実行単位であるタスクに分割されます（**図5-11**参照）。さらに、Spark アプリケーションにはドライバーとエグゼキューターの2種類のコンポーネントがあり、ドライバーはエグゼキューターにデータセットを割り当ててジョブの実行をオーケストレートするのに対し、エグゼキューターはジョブの一部を実際に実行します。データは、エグゼキューターが操作する RDD というメモリデータセットに格納されます。

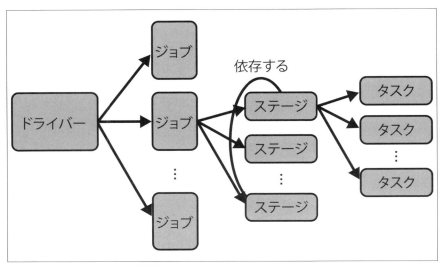

図5-11　Spark のジョブの内部構造

　Apache Spark は、CPU とメモリの両リソースを最適に使ってジョブを実行するためにチューニングできるパラメーターを提供しています。CPU とメモリを効果的に利用するためにパラメーターを設定することを**パフォーマンスチューニング**と言います。Apache Spark のチューニングできるパラメーターは、次のカテゴリに分類されます。

データのシリアライズ（直列化）

　Apache Spark には、データセットをシリアライズする（論理オブジェクトをネットワーク転送やストレージへの格納に適したバイト列に変換する）ためのライブラリがあります。Spark アプリケーションを書くときには、フィルタリング、集計、結合などの形でデータを変換するコードを書きます。**図5-12**に示すように、このときに使われるデータセットは、入力であれ変換後のデータセットであれ、エグゼキューターに送られる前にシリアライズされます。Apache Spark は、Java のシリアライズのほか、Java よりも高速で効率のよいシリアライズを行う Kryo ライブラリ（https://oreil.ly/MYLMm）のシリアライズをサポートします。Apache Spark の構成で Kryo シリアライザーを使うように設定すると、特に複雑な変換をしたり、データセットのストレージへの格納のためにクラウドデータレイクストレージを使ったりして、大量のネットワーク転送を行うアプリケーションではパフォーマンスが最適化されます。Kryo シリアライザーの詳細は、Apache Spark ドキュメントの Tuning Spark: Data serialization を参照してください（https://oreil.ly/kKnNJ）。

メモリのチューニング

　Apache Spark では、メモリはデータ変換の途中の中間的な結果を格納するために使われます。Spark は、この中間データのためにメモリをどれだけ使うかを指定するチューニングパラメーターを用意しています。また、メモリの消費量を抑えるようにデータ構造を最適化することもできます。このような最適化のための重要なベストプラクティスの1つは、データ構造を単純化することです。データを比較的フラットに保ち、何層にもネストされた構造を減らせば、メモリの消費量は下がります。たとえば、住所を格納するときに単純な文字列を使うか、町名番地、市町村、州（都道府県）、ZIP コード（郵便番号）を別々のフィールドに格納する構造体を使うかという場合、単純な文字列を使った方

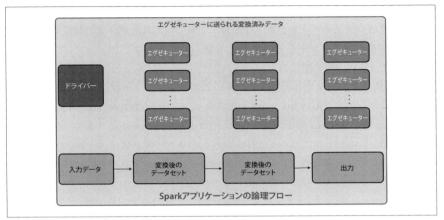

図5-12　Sparkアプリケーションのデータセットとエグゼキューター

がメモリの消費量が下がります。1個のフィールドを読み出すだけか、4個の
フィールドとその関係を理解するかの違いです。また、ビッグデータアプリ
ケーションではJavaが提供するHashMapがよく使われますが、これを使うと
配列のような単純なプリミティブデータ型を使うよりも多くのメモリを消費し
ます。

メモリ管理

メモリのチューニングとメモリ管理にどのような違いがあるのかと思われる
かもしれません。**メモリチューニング**はデータのために必要なメモリの量を
チューニングすることですが、**メモリ管理**はさまざまな目的への利用可能メモ
リの配分をチューニングすることです。Apache Sparkでは、実行とストレー
ジの2つの目的でメモリが必要になります。**実行**のためのメモリとは計算を行
い、中間結果を格納するために必要なメモリ、**ストレージ**のためのメモリとは
ネットワーク呼び出しの回数を減らすために計算結果を格納するキャッシュの
ためのメモリのことです。Apache Sparkはさまざまなニーズのためにメモリ
を効果的に配分するための構成パラメーターを提供しています。

Apache Sparkのパフォーマンスチューニングには別に1冊の本が必要なぐらいの
内容があります。この節は、チューニングのカテゴリを概念的に説明するだけに留
まっています。Sparkのパフォーマンスチューニングについては、Apache Spark ド

キュメントのPerformance Tuning（https://oreil.ly/9xhOC）を参照してください。
これらの構成パラメーターを変更しながら、実際に使われるデータの特徴をよくつか
んだサンプルデータセットを使ってPoCを実行し、最適なパフォーマンスが得られ
るようにチューニングしてください。

　Spark Jobのリソース利用状況を理解するために、パフォーマンスモニターを使う
こともお勧めします。Apache Sparkのモニタリング機能（https://oreil.ly/oWs9M）
のほかDatadog（https://oreil.ly/NCPY5）のようなツールがあります。私の顧客企
業の中には、Sparkジョブコードの作成よりもパフォーマンスチューニングに多くの
時間を使った会社もあるぐらいなので、Sparkジョブパイプラインにはパフォーマン
スチューニングのための時間を組み込むようにしておきましょう。

5.5　データ転送のオーバーヘッドの削減

　クラウドデータレイクアーキテクチャには、オーバーヘッドに関連して覚えておか
なければならない重要なポイントがいくつかあります。**オーバーヘッド**とは、ビッグ
データ処理に含まれている実行時間を長引かせるタスクやステップのことであり、こ
れらによってクラウドデータレイクアーキテクチャの全体的なパフォーマンスは下
がってしまいます。このようなオーバーヘッドの大半は、ソリューションのコストも
引き上げます。そのため、オーバーヘッドを最小限に抑えれば、全体的なコストも下
がります。重要なオーバーヘッドとしては次のようなものがあります。

コンピューティングとストレージの間のネットワーク呼び出し
　すでに述べたように、ビッグデータアプリケーションにはVMで構築されたク
ラスターがあり、クラスターとデータレイクストレージの間の呼び出しがあっ
て、これがコアのジョブ実行にオーバーヘッドを追加することになります。こ
のオーバーヘッドを最小限に抑えるために使える方法としては、次のようなも
のがあります。
－　参照データや頻繁に読み出されるデータセットのように多用されるデータ
　　セットをキャッシングする。ストレージへのネットワーク呼び出しをせず
　　に、クラスターのメモリに直接格納するということです。
－　この章の中ですでに説明したパーティショニングによって最適化したク
　　エリプランを持つSparkアプリケーションを書く。余分なデータを読み、
　　フィルタリングによって必要なデータを抽出するために余分な計算資源を

　　　使うのではなく、ジョブに必要なだけのデータを読み出し、パフォーマン
　　　スを引き上げるということです。
－　ストレージとコンピューティングリソースのコロケーションによって最適
　　　化する。クラウドプロバイダにコロケーションのオプションを問い合わせ
　　　ましょう。

リージョン境界を越えた読み書きの削減

　　コンピューティングとストレージを近接させることは、あらゆるクラウドコン
ピューティングの重要原則の1つです。コンピューティングが別のリージョン
のストレージを呼び出している場合、リージョン境界をまたぐネットワーク呼
び出しが発生しています。リージョン間ネットワーク呼び出しは、データが通
常よりもずっと長い距離にわたってネットワークを通過しなければならない
分、パフォーマンスを下げます。しかも、リージョン外へのデータ転送の料金
はほかと比べてきわめて高いので、ソリューション全体のコストが高くなりま
す。これは、ビッグデータソリューションの中で最小限に抑えるよう努力す
べきパターンの1つです。別のリージョンのデータセットを使わなければなら
ないようなシナリオがある場合には、データセットがあるリージョンでコン
ピューティングを済ませ、完全に処理された形のデータセットだけを送るよう
にしましょう。リモートデータにアクセスしたりリージョン間でデータを転送
したりするよりも、ローカルデータセットで再計算してデータを作る方が低コ
ストになるかどうかも検討すべきです。

5.6　プレミアム製品とパフォーマンス

　クラウドプロバイダは、クラウドサービスのプレミアム版を用意していることがよ
くあります。高い料金を払ってプレミアムサービスを契約すればアプリケーションの
パフォーマンスとスケーラビリティが上がりそうな気がするところですが、プレミア
ムサービスに意味があるのは適切な問題の解決のために使ったときだけです。この節
では、クロダースコーポレーションを使ってこの点についての具体例を示したいと思
います。時間を割いてアーキテクチャのボトルネックと活用パターンを理解し、クラ
ウドプロバイダと相談してもっとも適したサービスを選ぶようにしましょう。もっと
も重要なのは、プレミアムサービスが本当に問題を解決してくれることを確認するこ
とです。

5.6.1 より大規模な仮想マシン

クロダースコーポレーションでは、新しい地域に進出して販売を拡張したときに営業ダッシュボードがスローダウンしました。クロダースは、コンピューティングリソースが足りなくなったのだろうと考え、計算コアを追加し、クラスターを垂直スケーリングしました。しかし、パフォーマンスは一向に上がらず、かえって下がってしまう場合さえありました。さらに分析を進めた結果、クロダースはデータを経時的なトレンドに基づいてパーティショニングしていましたが、クエリパターンは主として地域別のセールスパーソンの成績を知るというものでした。誰もが見たいものは最新データなので、まずクエリで最新データを手に入れてから、フィルタリングによって特定のチームとセールスパーソンのデータを取り出すという処理が繰り返されていました。まず地域、次にセールスパーソンで分類するようにパーティションパターンを変えると、パフォーマンスは大幅に上がりました。

この場合、計算コア数を増やすと、同じデータにヒットするクエリが増えてかえって状況が悪化しました。地域によるパーティショニングの方がずっと効果的な戦略だったのです。

5.6.2 フラッシュストレージ

クロダースコーポレーションでは製品クエリが次第に大幅に遅くなり、遅いストレージトランザクションがシステムのボトルネックになりました。クロダースはフラッシュメモリによるストレージティアというプレミアムサービスを見つけ、すぐにそちらにアップグレードしました。これによってクエリのスピードは上がりましたが、すぐあとで製品データが増えたときに再びクエリのスピードが下がりました。フラッシュストレージのためにかなり高いコストをかけていることを考えれば、これは看過できません。さらに分析を重ねた結果、クロダースは製品データがさまざまなフィードで集められ、小さなファイルに格納されていることに気づきました。データセットが増えるとファイル数も増えていたのです。そのため、ファイル読み出しでかかるメタデータのオーバーヘッドがデータ読み出しと比べてかなり高くなっていたのです。クロダースが戦略を転換し、これらの小さなファイルをまとめるようにすると、クエリのパフォーマンスはすぐに向上しました。ディスクベースのストレージに戻してもパフォーマンスの低下が見られないほどになったのです。

この場合、フラッシュストレージは媒体がよいためにパフォーマンスを引き上げましたが、本当の問題が解決されたわけではなかったので、データセットが大きくなる

ともとの状態に戻ってしまいました。適切な解決方法は、小さなファイルのアンチパ
ターンを解消することだったのです。激しいトランザクションのある小規模なデータ
セットを格納するときには、フラッシュストレージは非常に効果的です。典型的なシ
ナリオは機械学習です。

5.7　まとめ

　この章ではまず、パフォーマンスとは何か、その計測方法はどのようなものかとい
う基礎の部分を説明しました。この基礎知識は、SLA、SLOとしてデータレイクの
パフォーマンス要件、SLIとしてパフォーマンスの計測方法を定義するときに役立ち
ます。次にこれらの概念をデータレイクアプリケーションに適用し、データコピーと
Sparkアプリケーションのパフォーマンスドライバーを考察しました。さらに、クラ
ウドデータレイクソリューションを設計するときに考慮すべき原則の一部を紹介しま
した。最後に、プレミアムサービスとは何なのかということと、そういったサービス
が効果を生むシナリオはどのようなものかを学ぶことの重要性について説明しまし
た。この章で学んだクラウドデータレイクアーキテクチャのパフォーマンスドライ
バーとパフォーマンスをチューニングするための構成パラメーターやオプションにつ
いての知識に基づき、ソリューション内でチューニングが必要なパフォーマンスドラ
イバーはどれかを見極められるようになれば、適切なパラメーターをチューニングで
きるようになります。

　この章は、パフォーマンスの概念的な枠組みを説明しただけに過ぎないことに注意
してください。クラウドデータレイクソリューションを実装するときには、システム
のパフォーマンスを監視するオブザーバビリティツールに投資し、パフォーマンス障
害を診断するために必要な適切な指標とログを残すようにしてください。そうすれ
ば、学んだことを実践に移し、最適化の効果を計測できるようになります。

　次章では、今までに身につけたスケーラビリティとパフォーマンスの概念的な理解
をもとにデータ形式を深掘りし、データ形式がビッグデータソリューションにとって
組み込みの最適化ツールになることを示します。

6章
データ形式詳説

デザインは見た感じのことだけではない。どう機能するかだ。
—— スティーブ・ジョブズ

　データウェアハウスは、クエリパターンに適合するように設計された独自の（プロプライエタリな）データ形式を使用して構築されてきました。クラウドレイクハウスアーキテクチャパターンが普及するなどの理由でクラウドデータレイクが提供する分析の数が増えるとともに、クラウドデータレイク上で直接データウェアハウス風のクエリを実行できるような機能に投資する顧客企業やソリューションプロバイダが増えてきています。用途によってデータストア間でデータをコピーしたり戻したりといったことを最小限に抑えるアーキテクチャを提供するという目標に近づいています。このサイロなしのデータストレージという目標は、クラウドデータレイクストレージ上で直接データウェアハウススタイルのクエリを実行できるようにするオープンデータ形式を生み出し、その種数は増えてきています。この章では、そのようなデータ形式の例として、Apache Iceberg、Delta Lake、Apache Hudiを取り上げます。この章は、本書でもっとも技術的、専門的なものになります。設計対象の分析にどのように役立つかを含め、データ形式を詳細に見ていきます。この章で私が目指しているのは、みなさんがこれらのデータ形式の設計理由についてしっかりした知識を身につけ、これらの中のどれかを評価するときに適切な問いを投げかけられるようになり、みなさんのクラウドデータレイクアーキテクチャにとって適切なデータ形式を見つけられるようにすることです。

6.1　なぜオープンデータ形式が必要なのか

　オープンデータ形式が必要な理由を一言で言うなら、クラウドデータレイクストレージが表形式データを格納できるようにするためにはオープンデータ形式が必要だからだということになります。ここからは2つの疑問が生まれるでしょう。なぜ表形式データを格納する必要があるのか、そしてクラウドデータレイクストレージに表形式データを格納することがなぜ問題になるのかです。これらの疑問について詳しく考えていきましょう。

6.1.1　なぜ表形式のデータを格納する必要があるのか

　「5.4.1　データ形式」では、クラウドデータレイクに格納されているデータについての基本的な前提を説明しました。

- データレイクに格納されたデータの中でも頻繁に処理されるものは、主として表形式になっている（行と列にまとめられている）。
- 一度書き込まれたデータが複数回読み出される。
- 読み出しでは、条件に基づくデータの選択が行われる。つまり、特定の列について同じような値を持つデータをフィルタリングしたり、グループにまとめたりする。

　では、データレイクに格納されるデータが主として表形式になっている理由は何なのでしょうか。「1.1　ビッグデータとは何か」で説明したビッグデータの6個のVが示すように、ビッグデータアナリティクスシステムのデータはさまざまなソースからの任意のサイズや形式を持ち、しばしば多くのノイズを含んでいて低価値だと考えられます。ビッグデータアーキテクチャのもっとも重要な特徴は、このような低価値のデータから高価値のインサイトを生み出すことです。高価値のインサイトを生み出すためのプロセスではさまざまな操作が加えられますが、それらは大きく**表6-1**に示すようなカテゴリに分類されます。

表6-1 データレイク上の操作のカテゴリ

操作	得られるデータ	営業データセットにおける例
集計	データセットに統計的な操作を加えた結果	地域別の総売上高、1人のセールスパーソンが結んだ契約額の最高値
フィルタリング	大規模なデータセットから特定の基準を満たすサブセットを抽出した結果	夏季の月別売上額、昨年一定額以上の注文をした顧客
予測	過去のトレンドに基づく未来の予測	昨年のトレンドに基づく来年の売上の予測
結合	2つの異なるデータセットの相関関係からパターンを見つける	ソーシャルメディアのトレンドが売上に与える影響

　表形式データは類似データをまとめる柔軟性を持っており、データレイクで行われるこれらの操作に適しています。類似データをグループにまとめれば、必要とするデータのサブセットを取り出して計算を実行するために必要なトランザクションが減ります。ほとんどのデータ形式が表形式データの格納のために最適化されているのはそのためです。

　ビッグデータアナリティクスシステムでは、システムに送られてくるデータは表形式でなくてもかまいません。しかし、先ほども言ったように、このようなデータは低価値の未加工データだと考えられます。このようなデータはまず一連の処理を通じて表形式データに変換され、その後の処理では表形式データが使われます。よかったら、「3.2.1　データの生涯におけるある1日」のデータレイクゾーンの説明を読み直してください。未加工データゾーンを除くほかのデータゾーンにあるデータは、一般的に表形式になっています。

6.1.2　クラウドデータレイクストレージに表形式データを格納することがなぜ問題になるのか

　表形式のデータと言われると、データを行と列にまとめるスプレッドシートが直感的に思い浮かぶでしょう。ほとんどのデータベースやデータウェアハウスは、このような形にまとめられたストレージを持っています。しかし、「2.2.2　クラウドデータレイクストレージ」で説明したように、データレイクアーキテクチャのストレージは汎用オブジェクトストレージであり、一切制限を設けることなくあらゆるタイプのデータを格納できるように設計されています。つまり、ウェブサイト、ブログ、オンラインアルバムの写真などのコンテンツを格納するために使われているのと同じシステムが、ビッグデータアナリティクスアプリケーション用のデータを格納するために

使われているのです。これがとても魅力的な最大の理由は、サイズ、形式に制限を設けることなく任意のデータを格納でき、低コストなことです。この2つの特徴のおかげで、企業は経済的に大きな負担を負うことなく、持っているすべてのデータをデータレイクストレージに書き込めるのです。

それと同時に、データレイクストレージは表形式データの格納と処理で自動的に次のような制限を抱えることになります。

既存データの更新

データレイクストレージは、基本的に追記専用ストレージシステムです。そのため、既存データを書き換えなければならなくなると、厄介なことになります。

スキーマの強制とチェック

スキーマとは、データ構造の記述です。たとえば、住所には、町名番地、市町村、州（都道府県）、ZIPコード（郵便番号）のフィールドがあります。しかし、オブジェクトストレージシステムは、格納されている住所情報にこれらすべてのフィールドがあることを保証できません。

クエリのパフォーマンス

5章で詳しく説明したように、パフォーマンスの高いデータレイクを実現するためには、さまざまな要素を調整しなければなりません。しかし、オブジェクトストレージシステム自体はパフォーマンスに関して何も保証してくれないので、データエンジニアが自分でこれらすべての要素をチューニングしなければなりません。

柔軟性と低コストが理由でクラウドデータレイクアーキテクチャを採用した結果、ビジネスにとって死活的に重要なクエリやダッシュボードも汎用オブジェクトストレージシステムに格納されることになりました。汎用オブジェクトストレージシステムに格納されたデータが、ビジネスの基幹システムをサポートするコアなデータレイクコンピューティングに最適化されたものになるように、顧客企業やデータエンジニアたちは、データの表形式という性質を保証することを主目的としたさまざまなオープンデータ形式を生み出してきました。データを処理するコンピューティングエンジンもこれらのオープンデータ形式を理解することにより、最適なパフォーマンスが保証されます。このようなデータ形式は次々に登場していますが、本書ではDelta Lake、Apache Iceberg、Apache Hudiの3種類を深掘りしていきます。

6.2　Delta Lake

　Delta Lake は、Apache Spark の開発者たちが創設した Databricks が生み出した
オープンデータ形式です。「2.2.3.3　Apache Spark」で説明したように、Apache
Spark は、クラウドデータレイクアーキテクチャ内の統一的なプラットフォームの上
でバッチ処理、リアルタイムストリーミング、機械学習などのさまざまな分析を実現
できる統一的なプログラミングモデルを作り上げました。パズルの最後のピースは、
BI 分析で必要とされていたデータウェアハウスというサイロを取り除いたことです。
Delta Lake は、Databricks が広めたデータレイクハウスパターンの土台です。デー
タレイクハウスでは、バッチ、リアルタイム、機械学習に加えて BI 分析も、別にクラ
ウドデータウェアハウスを必要とすることなくクラウドデータレイクストレージ上で
直接実行できます。

6.2.1　Delta Lakeはなぜ作られたのか

　Delta Lake は、次の特徴を提供するデータレイクハウスパターンの基礎として作ら
れました。

6.2.1.1　ビジネスアナリスト、データサイエンティスト、
　　　　　　データエンジニアを隔てるサイロを取り払う

　「2.2.3.3　Apache Spark」でも説明したように、Apache Spark は、バッチ処理、リ
アルタイムストリーミング、機械学習などのさまざまなアプリケーションをサポー
トする柔軟なプログラミングモデルを提供するという原則のもとに作られました。
Apache Spark は、採用する顧客企業の数と今後も広がりが見込まれるマインドシェ
アの両方で大きな成功を収めました。Apache Spark により、企業はコアデータ処理
を実行するデータエンジニアと機械学習分析を実行するデータサイエンティストがと
もに使える単一のプログラミングモデルを手に入れました。しかし、SQL などの言
語でクエリを実行するビジネスアナリストたちのためには、依然としてデータウェア
ハウスにデータをコピーしなければなりませんでした。クエリでは、データウェアハ
ウスが最適なパフォーマンスを提供していたからです。「6.1　なぜオープンデータ
形式が必要なのか」で説明したクラウドオブジェクトストレージの限界が大きな壁に
なっていました。Databricks が開発した Delta Lake は、ビジネスアナリストがクエ
リのためにクラウドデータレイクを直接使えるようにして、レイクハウスアーキテク
チャを実現しました。

6.2.1.2　バッチ処理とリアルタイム処理のために統一的な データストレージ、コンピューティングシステムを提供する

　企業は、インサイトを得るために、今起きていることを知り、過去のデータから パターンを読み取るという2つの異なるアプローチに力を注ぎます。たとえば、ソー シャルメディアに広告を出した販促チームは、その広告が今どのように受け取られて いるかを知ろうとします。同様に、次のキャンペーンを企画するときには、戦略立案 のためのヒントとして過去のキャンペーンがどのような効果を生み出したかを知ろ うとします。**リアルタイムストリーミング**（real-time streaming）とは、今現在のイ ンサイトを得るために、クラウドデータレイクに入ってきたデータをすぐに分析す ることです。コンピューティングでは、直近のデータを高速に処理することが重視さ れます。しかし、過去の履歴データからインサイトを得たいときには、バッチ処理パ イプラインでデータレイクに格納されているデータを処理することになります。こ れら両方をサポートするアーキテクチャパターンは**ラムダアーキテクチャ**（lambda architecture）と呼ばれ、リアルタイム分析のためのホットパスと履歴データの分析 のためのコールドパスを持ちます。Sparkはリアルタイム処理とバッチ処理の両方の ために統一的なプログラミングの言語を提供しますが、従来、リアルタイム分析と履 歴データ処理は異なるデータパイプラインで実行されていました。Delta Lakeは、こ れら2つの異なるパスが必要になる場面を最小限に抑えます。ラムダアーキテクチャ は、**図6-1**のように描くことができます。

6.2.1.3　既存データのバルク更新/変更をサポートする

　すでに学んだように、データは低価値の未加工データとしてデータレイクに入り、 複数の変換を経て、高価値の構造化されたキュレーション済みデータになります。未 加工データが変更されると、それはキュレーション済みデータにも影響を与えます。 新しく入ってきたデータにより、高価値のキュレーション済みデータの複数の行と 列が変わることは決して珍しいことではありません。たとえば、**図6-2**のような4行 4列のデータセットがあったとします。新しいデータが届いた結果、A行が書き換え られ、C行が削除され、新しいCC行が表に追加されます。オブジェクトデータスト レージ層は、既存データに対する差分的な更新を単純な形では処理できません。その ため、一般にデータエンジニアは表全体を0から作らなければならなくなります。し かし、これはコスト的にも技術的な労力の使い方としてもあまりよい方法ではあり ません。しかも、データセット再計算の過程でコンシューマーがこのデータセットを

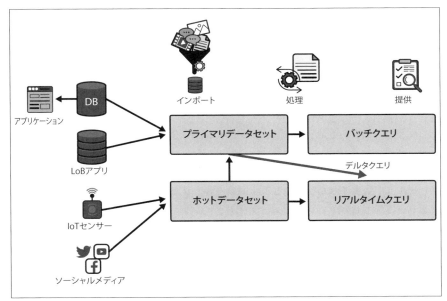

図6-1　ラムダアーキテクチャ

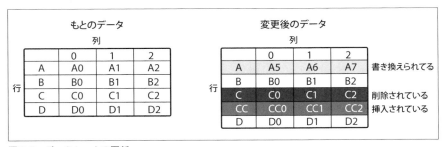

図6-2　データセットの更新

読み出すと、不正確な結果や部分的に更新された結果を見ることになります。そのた
め、この再計算は誰もデータを読んでいないタイミングで実施しなければなりません
し、適切な調整を行わなければなりません。Delta Lake は、データセット全体の更新
を必要とせずにこのような差分的更新を管理し、更新の実行中もコンシューマーが
データセットを読み続けられるようにする方法を提供しています。

6.2.1.4　スキーマ変更や不正確なデータによる誤りを処理する

　表形式のデータにおける**スキーマ**（schema）とは、行、列のデータがどのような
ものでなければならないかについての仕様、または記述のことです。クラウドデータ
レイクストレージシステムには、データのサイズや形状についての制限がないので、
欠損値があってコンピューティングエンジンが期待するスキーマに従っていない入
力データが含まれている場合があります。たとえば、住所のデータセットが送られて
きて、その中に町名番地やZIPコードが含まれていないデータがあれば、データセッ
トから住所情報を抽出するコンピューティングエンジンはエラーを起こします。同
様に、時間の経過とともにデータソースに新しいフィールドが追加されたり、既存
フィールドが変更されたりすると、新旧の内容の異なるデータが混在しているデータ
セットを処理させられるコンピューティングエンジンは混乱します。**図6-3**はその例
を示しています。Delta Lakeは、スキーマの強制と検証機能を提供し、これらの分析
をスムーズに処理できるようにサポートしています。データにはチェックが入り、欠
損値をデフォルト値に置き換えるとか、スキーマに従っていないレコードを拒否する
といった積極的な修正が加えられます。

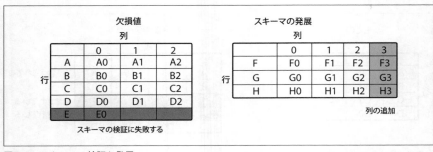

図6-3　スキーマの検証と発展

　これらはどれもすごいことに感じられます。Delta Lakeはこういった分析をどの
ようにして実現しているのでしょうか。Delta Lakeはデータの**ACID**特性（原子性:
Atomicity、一貫性: Consistency、独立性: Isolation、永続性: Durabity）を保証し、
上記の各項を実現するための基礎を確立しています。ACID特性については、「2.3.1
代表的なアーキテクチャ」で簡単に説明してあるので参照してください。では、Delta
Lakeがこれらの分析をどのようにして実現しているのかを知るために、その内部を
覗いてみましょう。

6.2.2　Delta Lakeはどのような仕組みになっているのか

Delta LakeはデータレイクストレージシステムにACID特性が保証された表形式
データを格納するためのオープンストレージ形式です。Delta Lakeテーブル（Delta
テーブル）は、次のコンポーネントから構成されています。

データオブジェクト
> テーブル（表）の実際のデータ。データは、Parquetファイルという形で格納
> されます。Apache Parquetについては「5.4.1.1　Apache Parquet詳説」で復
> 習できます。

ログ
> 表内のデータの変更を管理するトランザクションログ（Ledger）。変更は**アク
> ション**と呼ばれ、JSON形式で格納されます。デルタログは、データ自体の変
> 更（挿入、削除、更新）とメタデータやスキーマの変更（表の列の追加、削除）
> を管理します。

ログチェックポイント
> ある時点までのアクションを冗長性のない形で格納するログの圧縮バージョ
> ン。データに対するアクションは時間とともに増えていきます。その数のこと
> を考えれば、ログチェックポイントがパフォーマンスの最適化のために役立っ
> ていることが理解できるでしょう。

Deltaテーブルの操作方法は、Delta Lakeドキュメントページ（https://oreil.ly/Z
q5Nu）で詳しく説明されています。Deltaテーブルを作成すると、そのテーブルの
ためのログも作られます。Deltaテーブルに対するすべての変更はログに記録されま
す。このログは、テーブル内のデータの完全性を維持し、先ほど説明したような保証
を提供するためにきわめて重要な意味を持ちます。

図6-4に示すように、Deltaテーブルへの書き込みは2つの操作から構成されます。

- Parquetファイルを書き換えてデータオブジェクトを更新する
- Deltaログを更新し、その更新にDeltaログ内で一意な識別子を与える

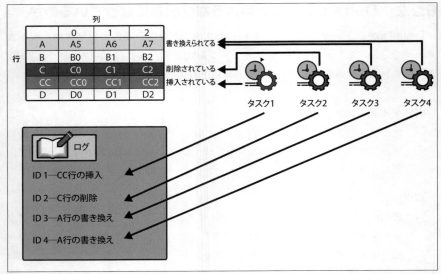

図6-4　Delta Lakeへの書き込み

　両方の操作が完了しなければ、書き込み成功にはなりません。そのため、テーブル
に対して同時に2つの書き込みが発生しても、それらはこのログによって自動的にシ
リアライズ（直列化）され、逐次的に処理されます。第1の書き込みがログの更新に
よって成功するまで第2の書き込みは待たなければなりません。そして第2の書き込
みはログの更新によって完了となります。このようなログがあるので、呼び出し元は
データの過去のバージョンにもタイムトラベルしてアクセスできます。

　ACIDを保証するだけでなく、タイムトラベルのような分析も実現することにより、
Deltaテーブルは、データが指定したスキーマに準拠していることを保証するスキー
マの強制に加えて、新しい列を追加してスキーマを拡張し、古いデータには新しい列
の値としてデフォルト値を与えるスキーマの進化もサポートします。このようにし
て、Delta LakeはデータレイクでSQL的な分析を実現しているのです。

6.2.3　Delta Lakeが適しているのはどのようなときか

　Delta Lakeは汎用のオブジェクトストレージに格納されているデータについて通
常よりも強い保証を提供します。忘れてならないのは、Delta Lake形式で格納された
データは、Delta Lake形式を理解しているコンピューティングエンジンで処理しなけ

ればDelta Lakeの機能を利用できないということです。Delta Lakeは、SQL的なクエリを実行するデータやバージョン管理が必要な機械学習モデル用のデータセットなどでお勧めできるデータ形式です。Apache Sparkを使っているなら、既存のパイプラインに最小限の変更を加えるだけで既存データをDelta Lake形式に変換できます。

6.3　Apache Iceberg

　Apache Icebergは、データレイクストレージ上で基幹ビジネスアプリケーションを運用する際に「6.1.2　クラウドデータレイクストレージに表形式データを格納することがなぜ問題になるのか」で説明した欠点を克服するべく、Netflixで生み出されました。

6.3.1　Apache Icebergはなぜ作られたのか

　Netflixは広範な契約者を抱えるビデオストリーミング会社ですが、誕生のときから高度なデータドリブンな企業です。データは、視聴パターンに基づくレコメンデーションの提供、ユーザーベースに食い込むためにNetflixが製作または配給しなければならないコンテンツタイプの調査、サービスの状態の監視など、Netflixのビジネスの基幹分析で使われています。データドリブンのインサイトとビジネスは、複数の有力企業が参入しているビデオストリーミングのような競争の激しい業界でNetflixの大きな差別化要素になっています。

　Netflixの技術ブログ（https://oreil.ly/QX_dh）によれば、Netflixが使っているデータセットは、複数のデータストアに分散しています。同社のクラウドデータレイクを支える汎用オブジェクトストレージはS3、運用データベースはMySQL、データウェアハウスはRedshiftとSnowflakeですが、これらはほんの一例です。Netflixのデータプラットフォームは、これら多様なデータストアをシームレスに相互運用して、コンシューマーからは1個のデータウェアハウスに見えるようにしています。これをまとめると、**図6-5**のようになります。

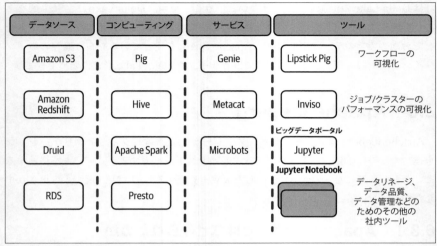

図6-5　Netflix の技術ブログによる Netflix のデータアーキテクチャ図

　Amazon S3 上のクラウドデータレイクに含まれているデータに限って言えば、Netflix は Apache Hadoop エコシステムを使って SQL 的なクエリを実行できるようにする表データ形式、Apache Hive（https://oreil.ly/fS5yN）を使っていました。Netflix は、汎用オブジェクトストレージソリューションで次のような問題にぶつかりました。

既存データセットの更新
　「6.2.1　Delta Lake はなぜ作られたのか」でも説明したように、オブジェクトストレージシステムは既存データセットへの変更をうまく処理できません。強整合性とは、読み出しでは必ず最後に書き込まれたデータが返されることで、AWS は 2020 年に強整合性のサポートを発表しました（https://oreil.ly/-n8Bf）。しかし、Apache Iceberg が作られたときの Amazon S3 は書き込みの結果整合性を保証するだけで、それだけでは Netflix ユーザーに予測可能なデータを提供できる保証がありませんでした。Netflix は、この問題を解決するために書き込みが読み出しと競合しないように読み書き操作を調整しなければなりませんでした。

Apache Hiveのパフォーマンス

Apache Hive は、オブジェクトストレージファイルシステム上のファイルとフォルダにデータを格納していました。そのため、データにクエリを送るたびに、そのデータを探すためにファイルとフォルダのリストを作らなければなりませんでした。データの大きさがPB規模になると、ファイルリストの作成コストは非常に高くなり、クエリのパフォーマンスボトルネックになりました。

Apache Iceberg は、クラウドデータレイク上で表データを使うときのこれらの制限を克服するために、2018年にオープンソースプロジェクトとして公開されました。

6.3.2 Apache Icebergはどのような仕組みになっているのか

面白いことに、Apache Iceberg は既存のデータ形式の上に構築されており、既存データをそのまま使えます。物理データはApache ParquetやApache ORCのようなオープンデータ形式で格納されます。Apache Iceberg をもっとも単純に説明するなら、データの物理ストレージ（Apache ParquetやApache ORC）を集めて構造化し論理テーブルにするための変換層です。

Apache Iceberg は、テーブルの情報源となるファイルを永続的なツリー構造に格納します。テーブルの状態はメタデータを記述する次のような複数のファイルに格納されます。

- カタログファイルは、メタデータファイルの最新バージョンを指すポインタを格納し、最新バージョンのメタデータのありかについてのもっとも信頼できる情報源となる。
- スナップショットメタデータファイルは、その時点までに作られたスナップショットの情報とスキーマ、パーティショニングの構造などのテーブルについてのメタデータを格納する。
- スナップショットごとにマニフェストリストが作られ、スナップショットとマニフェストファイルの対応関係を示す。
- マニフェストファイルは、実際にデータを格納しているファイル群の位置情報のリストを格納する。

マニフェストには、Parquetの行グループのフッターと同様に、列の範囲などの

データセットについてのメタデータも格納されます。図にすると、**図6-6**のようになります。

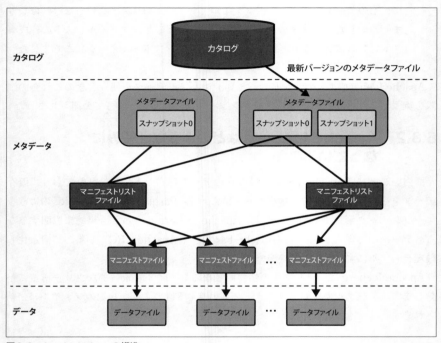

図6-6　Apache Iceberg の構造

　図6-6に描いた例を使って、Apache Icebergがどのように書き込みをするかを見てみましょう。

　図に示すように、初期状態のApache Icebergテーブルは、A、B、C、D行を持ち、それらは2個のデータファイルに格納されています。これら2個のデータファイルを参照するマニフェストファイルがあり、2個のマニフェストファイルを参照するマニフェストリストがあります。このデータセットに変更を加えていったときに、Apache Icebergがどのようにその変更を管理するかをたどってみましょう。

- 最初にA行が書き換えられたとき、そのデータは新しいデータファイルに書き込まれ、この新しい行を参照する新しいマニフェストファイルが作られます。

エラーがある場合でも、スナップショットが管理できているので、簡単に前の
バージョンにロールバックできます。

　Apache Icebergを生んだのはNetflixですが、さまざまな顧客企業やデータプロバ
イダがデータレイクのオープンデータ形式としてIcebergを採用しています。たとえ
ば、Apple、Airbnb、LinkedIn、Expedia Travelなどです。また、Dremio、Snowflake、
AWSといったデータプラットフォームプロバイダも、それぞれのクラウド製品で
Apache Icebergをネイティブサポートしています。

　Apache Icebergは、データレイク上のデータに表形式の構造を与えるという点で
Delta Lakeと非常に似ていますが、メタデータ層でそれを実現しているところに特
徴があります。Apache Icebergなら、Parquet以外のファイル形式もサポートする
ので、さまざまなファイル形式のデータを表形式にまとめたい場合には、Apache
Icebergはとても効果的です。スキャンプランニング（https://oreil.ly/Et3KI）のよ
うな機能を使えば、クエリの対象データセットをすばやく絞り込めるので、大規模
データセットの操作のパフォーマンスを大幅に引き上げられます。

6.4　Apache Hudi

　Apache Hudiは、ライドシェアの草分けとなった企業の1つ、Uberが生み出しま
した。Uberは、年々成長し、フードデリバリー（Uber EatsとPostmates）、宅配便、
クーリエ便（国際宅配便）、貨物輸送、電動自動車や電動キックボードのレンタル
（Limeとの提携による）、地域業者との提携によるフェリー輸送などを手掛けるMaaS
（mobility-as-a-service）プロバイダに発展しました。Uberのこのような急成長を支
えたのは、会社のDNAの一部となっているデータドリブンの文化です。ドライバー
の到着時刻の予測、次の夕食を注文する顧客に対する優れたレコメンデーション、ド
ライバー、ライダー、乗客らの安全確保を含む多くの重要な場面でUberはデータと
高度な機械学習を駆使しています。これらの機能のタイムリーな提供（リアルタイム
のレコメンデーションやアクション）は、高いユーザー体験を実現するための鍵を
握っています。もちろん、これはUberの顧客満足度やブランドイメージにとっても
大きな意味があります。Netflixと同様の課題に加え、Uberにとって重要なリアルタ
イムインサイトの提供に関連する課題に対処するために、UberはApache Hudiを生
み出し、データレイクのデータに強い保証を提供するとともに、タイムリーなインサ
イトを提供できるようにしました。Appache Hudiはこのような操作とデータ保証を

大規模にサポートできるように設計されました。2020年の段階で、150PBのデータ
レイクで毎秒約5千億のレコード更新をサポートしていますが、この数字はUberが
企業として成長を続ける限り大きくなる一方です。

6.4.1　Apache Hudiはなぜ作られたのか

Apache Hudiも、データレイクストレージで使われている汎用オブジェクトス
トレージが本質的に抱える限界を克服するために作られたという点ではApache
IcebergやDelta Lakeと同じですが、Uberが特に対処しようとした分析は次のもの
です。

効率的な書き込みのためのアップサート
アップサート（upsert）とは、まだないデータは挿入し、すでにあるデータは
更新するという形のデータの書き込みのことです。アップサートがサポート
されていなければ、1行ではなく複数の行を作り、それらの行をフェッチして
フィルタリングによって最新データを取り出すするための別個の処理を書かな
ければなりません。この方法では、処理のために余分な時間がかかるだけでは
なく、コストも高くなります。オブジェクトストレージシステムは基本的に追
記専用であり、本質的にアップサートの概念とは相容れません。

差分的な変更の検出
今までの章で説明してきたように、データ処理パイプラインは膨大なデータ
セットを集計、フィルタリング、結合して高度にキュレートされたデータを生
成するジョブを実行します。一般に、入力データが変われば、これらの処理エ
ンジンはデータセット全体からキュレーション済みデータを計算し直します。
しかし、全体を計算し直すのではなく、差分的な変更だけを処理すれば（変更
されたデータセットだけを計算し直せば）、インサイトが得られるまでの時間
を短縮できます。そのためには、最後のジョブ以降に変更されたものを検出で
きなければなりませんが、データレイクストレージではこのような処理は簡単
にはサポートできません。

リアルタイムインサイトのサポート
リアルタイム処理とバッチ処理を統一的にサポートするプログラミングモデル
は複数ありますが、実際のアーキテクチャや実装はそれぞれ異なります。たと
えば、特定の運行のために最適なドライバーを見つけなければならない場合、

ドライバーの位置のリアルタイムデータと地図と最適ルートのバッチデータを
組み合わせた処理が必要になります。同様に、Uber Eatsでレコメンデーショ
ンを提供するときには、顧客が今見ているものを表すリアルタイムクリックス
トリームデータとレコメンデーションデータ（おそらくグラフデータベースに
格納されている）を組み合わせた処理が必要になります。データレイクスト
レージの設計では、このような分析ももともと想定されてはいません。

Apache Hudiは、データセットを0から処理し直すのではなく、短時間で最新デー
タを準備し、アップサートや差分的処理をサポートできるようにする処理効率の高さ
を目指して設計されています。

6.4.2　Apache Hudiはどのような仕組みになっているのか

Apache Hudiも、今までのほかのデータ形式と同様に、表形式データを格納するた
めのオープンデータ形式です。リアルタイムストリーミングとバッチ処理の両方をサ
ポートするラムダアーキテクチャには、2種類のデータ書き込みパターンがあります。

- 大量データの継続的インポート：リアルタイムで情報を発信している膨大な数
  のUber車両を想像してください。
- 巨大データのバッチインポート：毎日の業務から生まれる営業、販促データの
  山を想像してください。

これらのパターンをサポートするために、Apache Hudiは2種類のテーブルを提供
します。

コピーオンライトテーブル

テーブルの読み手、書き手の両方に対して唯一無二の真実の供給源となりま
す。すべての書き込みはApache Hudiテーブルに対する更新としてただちに
書き込まれ、更新内容はほぼリアルタイムで読み出しに反映されます。データ
は、Apache Parquetのような列指向形式で格納されます。

マージオンリードテーブル

すべての書き込みは書き込みに最適化されたデータ形式（Apache Avroのような行指向形式）でバッファ（デルタファイル）に書き込まれ、あとでApache Parquetのような列指向形式で読み出し用のテーブルに更新されます。

Apache Hudiは、テーブルを格納するための3つの主要コンポーネントから構成されます。

データファイル

実際のデータを格納するファイルです。コピーオンライトテーブルでは、データは列指向形式で格納されます。マージオンリードテーブルでは、データは行指向形式で格納される差分書き込みと列指向形式で格納されるフルデータセットの組み合わせになります。

メタデータファイル

テーブル操作の時系列順に格納されたすべてのトランザクションデータの記録です。Apache Hudiテーブルに対するトランザクションには、次の4種類があります。

コミット

Apache Hudiテーブルに格納されているデータセットへのひとまとまりのレコードのアトミック（不可分）な書き込み。

デルタコミット

デルタファイルへのひとまとまりのレコードのアトミックな書き込み。デルタファイルはあとでデータセットにコミットする必要があります。この操作はマージオンリードテーブルだけでサポートされます。

コンパクション

デルタファイルを列形式テーブルにマージしてファイル構造を再構成し、格納されているデータを最適化するためのバックグラウンド処理。

クリーニング
　不要になった古いバージョンのデータを削除するバックグラウンド
　処理。

インデックス
　トランザクションの対象のデータファイルを効率よくルックアップするための
　データ構造。

Apache Hudiテーブルの読み出しは、3種類のものがサポートされています。

スナップショットクエリ
　Apache Hudiテーブルに格納されたデータのスナップショットに対するクエ
　リ。**スナップショット**とは、指定された時点バージョンのデータのことです。
　クエリにマッチするすべてのデータを返します。

デルタクエリ
　指定された時間内に変更されたデータに対するクエリ。変更されたデータだけ
　を対象としたいときに使います。

読み出し最適化クエリ
　マージオンリードテーブルでサポートされるクエリタイプで、読み出しに最適
　化された形式で格納されたデータを返します。まだコンパクションを受けてい
　ないデルタファイルのデータはクエリの対象になりません。このクエリはス
　ピードアップのために最適化されており、最新データが対象に含まれないとい
　うトレードオフをともないます。

　Apache Hudi操作の具体例を使ってこれらの概念がどのように噛み合うのかを見
てみましょう。

6.4.2.1　コピーオンライトテーブル

　コピーオンライトテーブルに対するトランザクションは、**図6-8**のように描くこと
ができます。

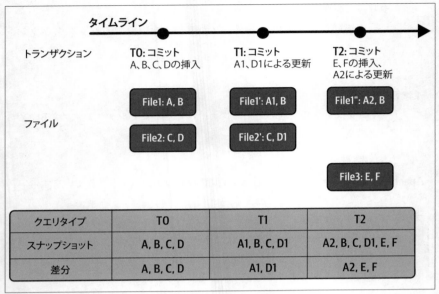

図6-8　コピーオンライトテーブルに対するトランザクション

コピーオンライトテーブルでは、新しい行の挿入でも、既存の行の更新でも、既存の行の削除でもあらゆる書き込みがコミットとして扱われます。列形式で保存されたデータセットが唯一無二の真実の供給源を表し、すべての書き込みがデータセットを更新するアトミックな操作になります。また、データセットのスナップショットが保存され、特定の時点でデータがどのようなものだったかがわかります。ここでサポートされるクエリは、スナップショットクエリとデルタクエリです。

6.4.2.2　マージオンリードテーブル

マージオンリードテーブルに対するトランザクションは、**図6-9**のように描くことができます。**図6-8**のコピーオンライトテーブルの操作とほぼ同じですが、真実の供給源が分散されるところが大きな違いです。

マージオンリードテーブルには読み出しに適した列指向データ形式のデータセットがありますが、書き込みは書き込みに適した行指向データ形式のデルタログに格納されます。そして、デルタログはあとでコンパクションによって列指向形式のメインデータセットにマージされます。これらのテーブルは、特定の時点におけるデータ

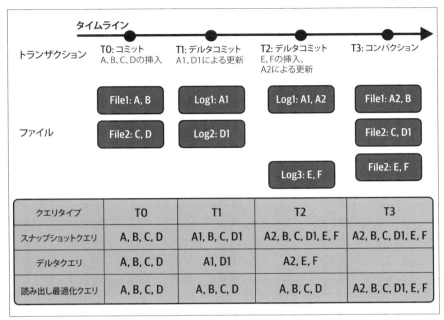

図6-9 マージオンリードテーブルに対するトランザクション

セットを返すスナップショットクエリ、変更されたデータだけを返すデルタクエリ、
列指向データ形式のデータセットを返し、もっとも高速だがまだコンパクションに
よって列指向データセットにマージされていないデータしか含まれていない読み出し
最適化クエリの3タイプのクエリをサポートします。

6.4.3 Apache Hudiが適しているのはどのようなときか

Apache Hudiは、タイプの異なるクエリをサポートする3種類のテーブルを持つと
いう柔軟性を備える一方で、アトミックな書き込みとデータのバージョン管理によっ
てデータの強い保証を提供します。Apache Hudiはもともと Uberで生まれたもので
すが、Amazon、Walmart、Disney+ Hotstar、GE Aviation、Robinhood、TikTokなど
他社からも採用されています。最近設立された Onehouse (https://oreil.ly/DeGXF)
は、Apache Hudiをベースとするマネージドプラットフォームを提供しています。

Apache Hudiは、リアルタイムとバッチの両方で高頻度の書き込みを処理できる
テーブルをサポートするように設計されています。パフォーマンスとデータの新鮮度

の要件に基づいて異なるタイプのクエリを使える柔軟性も備えています。

6.5　まとめ

　この章では、今までの章よりもデータ形式を深く掘り下げ、これらのデータ形式が
コストプロファイルを低く保てるデータレイクストレージのもとでデータの強い保
証を提供しつつ、クエリパフォーマンスを向上させる仕組みを説明しました。まず、
Delta Lake とは何か、どのように活用できるかを説明してから、大規模データレイク
の顧客企業が生み出したデータ形式である Apache Iceberg と Apache Hudi の内部構
造を説明しました。これらのオープンデータ形式は、データエンジニア、機械学習エ
ンジニア、データサイエンティスト、BI アナリストといったさまざまな立場の人々
のニーズに応える多様なコンピューティングをサポートでき、本当の意味でサイロの
ないデータレイクを実現します。これらのデータ形式は急激な進化をもたらしました
が、これらを活用するデータレイクを構築するためには、強固な学習スキルと強力な
データプラットフォームが必要です。Dremio、AWS、Onehouse といったデータソ
リューションプロバイダは、契約するだけでデータレイクハウスが手に入るマネー
ジドデータプラットフォームソリューションを構築しています。Apache Iceberg を
ベースとするデータプラットフォームを提供している Tabular という比較的新しい会
社もあります。強力なエンジニアリングリソースとの強い戦略的意志があれば、クラ
ウドデータレイク上に自力でレイクハウスを作ることもできます。次章では、今ま
での 6 つの章で説明したことを総合した包括的な意思決定フレームワークを紹介し
ます。

7章
アーキテクチャに関する
意思決定のフレームワーク

> 本物の成功につながる意思決定は、意識的な思考と本能的な思考のバランスのよ
> い結合から生まれる。
> —— マルコム・グラッドウェル

　今までの章では、クラウドデータレイクをめぐる基本概念、クラウドデータレイ
クの3種類の基本アーキテクチャ、設計で考慮すべきこと、システムのスケーラビリ
ティとパフォーマンスを上げる方法、使われるデータ形式の特長を説明してきまし
た。この章では、今までに説明してきたことを総合して、データレイク導入の長い道
のりのどこでこれらの知識が役立つかを説明します。私は、金融、小売、消費財、医
療、製造、技術開発などのさまざまな業種の顧客企業から、クラウドデータレイクソ
リューションを利用するだけでなく構築するための相談を受けてきました。この章で
は、これらすべての顧客企業との仕事の経験に基づき、会社の成熟度、使えるスキル
セット、IT導入のレベルの違いを反映した共通パターンと思考プロセスを示していき
ます。

　企業ごとに異なる問題と要件がありますが、データはビジネスを活性化し、変革を
促す非常に重要な力となります。データを活用することで、競争上の優位性を維持
し、顧客基盤を確保・拡大し、業務の効率化を進めるための基盤ができあがります。
この章では、企業が直面する問題に対して、これまでに学んだ知識をどのように応用
できるかを振り返ります。

　ここでは、目標設定、定義、実装、運用化の4つの重要なフェーズに分けて意思決
定のフレームワークを示していきます。3章では、広い視野から概括的にこの意思決
定のフレームワークを説明しましたが、この章ではあなたの会社が属するセグメント
に合わせてフレームワークをチューニングしていきます。4つのフェーズは順に進め

ていく形になっていますが、あとのフェーズでずれを感じたらいつでも前のフェーズに戻って修正をしてかまいません。また、**付録A**では、4つのフェーズのプランを立て進行状況を管理するためのテンプレートが示してありますので、参考にしてください。

7.1　クラウドデータレイクへの投資のための現状評価と目標設定

どんなプロジェクトでも、まず現在の位置と目指すべき目的地を理解し確認することから始まります。この目的を達成するために、現状とクラウドデータレイクに対する期待を把握するのに以下に用意している役立つアンケートに回答してもらえればと思います。

このアンケートでは、あなたは実際の肩書に関係なくデータプラットフォームチームかデータアナリストの役割を担ってください。アンケートは多項選択式になっています。どの質問に対しても、あなたの会社の現状やニーズにもっとも合致する選択肢を選んでください。複数の選択肢があなたのニーズに合う場合があります。そのような状況では、問題をより小さな下位問題に分割し、それぞれの問題に対してもっとも適した選択肢を選ぶようにしてください。答えがわからない場合には、おおよそのイメージがつかめるまで社内を調査することをお勧めします。完璧ではなく前進を追求するようにしましょう。

アンケートに答えたら、選んだ回答に基づいてそのあとの指定された節を読んでください。そこでは現状に合った目標を説明します。

7.1.1　クラウドデータレイクへの投資のための現状評価アンケート

このアンケートに答えたら、あなたの状態をもっともよく表している選択肢に基づいて本書の別々の節に移り、その節で指示されていることに力を注いでください。

質問1　あなたの会社は現在データアナリティクスに投資していますか？

回答A
　　現在はデータ領域に投資しているといえません。アプリケーションがいくつかのデータベースを使っているという程度です。

回答B

はい、NetezzaやOracle RACサーバーなどのオンプレミスデータウェアハウスやオンプレミスのHadoopクラスターを持っています。

回答C

クラウドデータレイクやクラウドデータウェアハウス、またはその両方を持っており、実際に業務で使っています。

質問2　あなたの会社のデータ部門のスキルレベルをもっともよく表しているのはどれですか？

回答A

就業時間の一部を使ってデータ分析をしている要員が少数います。頻度は高くありませんが、データ抽出の依頼を受けることがあります。

回答B

すでにデータ領域の専門の部門があり、データインフラとデータパイプラインの運用を管理しています。データ部門は会社のデータに対するニーズに応えています。データ部門の肩書は、一般にデータ管理者、データエンジニア、データアナリストといったものです。

回答C

最新のクラウド製品の状態を把握している専門的なデータ組織があります。運用業務の自動化は必須だと考え、ボトルネックの除去に積極的に取り組むとともに、データのニーズ拡大に合わせてスケールアップしています。

質問3　あなたの会社のデータ組織の重要度をもっともよく表しているのは次の中のどれですか？

回答A

データ部門はないか、存在していても、会社はこの部門を重要視しているわけではありません。

回答 B

データ部門は全社のニーズに応える重要な存在で、データプラットフォームを維持するために必要な作業と全社からの仕事の依頼で常に負担が高い状態です。

回答 C

データ部門はデータレイクの管理、運用という職務を担っており、データ活用を積極的に行っている会社にとってきわめて重要な存在です。さらに、データ部門はデータの可用性をしっかりと維持しており、パフォーマンス含め、利用者のボトルネックになるようなことはありません。

質問 4　**あなたの会社のデータプラットフォームにあるデータの容量はおおよそどれぐらいですか？**

回答 A

多くないと考えます。おそらく数 TB にも満たないでしょう。

回答 B

数百 TB から 1PB 程度です。

回答 C

数 PB 以上です。

質問 5　**顧客部門をもっともよく表しているのは次の中のどれですか？**

回答 A

データがどのように役立つかを気になったときにだけ私たちに質問をしてきます。それ以外では、彼らの頭の中でデータは大した関心事ではありません。

回答 B

主として私たちのレポートやダッシュボードを見るビジネスアナリストや経営陣です。データなしで彼らの業務は成り立ちません。

回答C

　　拡大していくニーズのためにデータが欠かせないデータエンジニア、データサイエンティスト、ビジネスアナリスト、経営陣などです。

質問6　顧客部門のデータに対する意識やスキルセットをもっともよく表しているのは次の中のどれですか？

回答A

　　アプリケーションで必要なデータベースなど、データ分析の観点はありません。

回答B

　　データ分析は積極的に行っていますが、顧客自身にコーディングやデータテクノロジーのスキルはありません。ダッシュボードやレポートを準備してくれるデータ部門に完全に依存しています。

回答C

　　顧客部門はITとクラウドをよく知っています。データチームが作るダッシュボードやレポートも使いますが、そのレベルを超えて自分で独自の分析をしています。

7.2　現状評価アンケート

　A、B、Cの回答のどれが一番多かったでしょうか。図7-1の3グループに分かれます。

- 主として**回答A**を選んでいる場合には、データレイクの世界観の入口にいます。
- 主として**回答B**を選んでいる場合には、すでにオンプレミスのデータレイクやデータウェアハウスを持っていますが、クラウドデータレイクの実装では既存の技術負債の返済や社内のデータ意識改革が必要になります。
- 主として**回答C**を選んでいる場合には、すでにクラウドデータレイクや高度なデータウェアハウスを保持しています。より最適化された仕組みに向け改善をしていくのがよいでしょう。

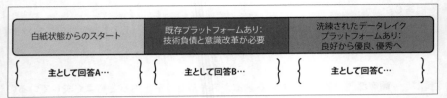

図7-1　あなたのデータプラットフォームに対する現状評価の結果

　回答からの評価についてもう少し詳しく説明しましょう。

7.2.1　白紙状態からのスタート

　データレイクやクラウドの初心者なら（つまり、0から始めようとしているなら）、やることはたくさんありますが、インパクトが大きいタスクに絞り込みそこに力を注ぎましょう。クラウドデータレイクの設計、実装、運用の要件はそれによって決まります。加えて、あなたはデータレイクへの投資が会社をどのように変えるかを上司に説明する必要があります。しかし、技術的負債はほとんどあるいはまったくないので、クラウドデータレイクの導入が会社のニーズに与える効果と影響の説明に全力を注ぎます。おそらくこれがデータレイクへの最初の進出であるため、社内にまだデータプラットフォームチームがない場合には、既存のソフトウェア開発、IT部門がデータプラットフォームの役割を果たすようにしなければなりません。ここまでで学んだことを整理することで、データチームの立ち上げのプランを立てられるはずです。

7.2.2　オンプレミスのデータレイクまたは
　　　　データウェアハウスからクラウドへの移行

　もし社内にオンプレミスで運用されているデータウェアハウスやデータレイクがすでに存在し、社内のデータニーズを満たしている場合、それはチームがデータの有用性を理解するためのすばらしい出発点になります。また、そこでの成果は上司にデータの重要性を認識させるのにも役立つでしょう。すでにデータプラットフォームチームも存在していると想像できます。しかし、そのチームはシステムの運用が主要業務となっており、かなりの負荷がかかっているかもしれません。チームはデータの活用戦略に力を注ぐだけでなく、オンプレミスのデータセンターとソフトウェアのメンテナンスにも携わることになります。クラウドデータレイクの導入では、データによる新しい問題の解決、新しいチャンスの追求に加えて、現在のデータレイクやデータウェアハウスでサポートしている既存のソリューションのことも考えなければなりま

せん。意思決定の重要な要素の1つとして、データプラットフォームのクラウドへの移行による顧客部門の混乱を最小限に抑えることが含まれることになります。移行に際して、クラウドでの設計、リリースに対応するためのデータプラットフォームチームのスキルアップも必要になります。

7.2.3　既存のクラウドデータレイクの改良

すでに会社がクラウドデータレイクを持っている場合、オンプレミスのデータレイクやデータウェアハウスを持っているグループと状況は似ていますが、クラウドデビューを果たしているという大きな違いがあります。重点は、既存の分析に対処するために現在のクラウドデータレイクアーキテクチャを改良することか、顧客部門に大きな価値を提供するまったく新しい分析を追加することのどちらかに置くことになるでしょう。クラウドデータレイクは急速に発展を遂げている分野なので、現在の実装で直面している問題の解決だけでなく、クラウドデータレイクの新しいイノベーションが会社にもたらすチャンスも考慮に入れた意思決定が必要になります。1つ前の分析と同様に、この作業による既存の顧客部門の混乱を最小限に抑えることも重要になります。データプラットフォームチームはすでにクラウドのことをよく知っているはずなので、データレイク分野のイノベーションについていくことがスキルアップの主要な目標になります。

現状評価/目標設定フェーズの重要性

現状評価/目標設定のフェーズは、データレイクの設計、実装、リリースのリスクを取り除くのにきわめて重要です。優先事項の選択と顧客や上司との調整のための時間を確保するようにしましょう。すべてのことはわからないかもしれませんし、状況は変わりますが、最初に優先事項のリストを作り、ステークホルダーの支持を確立しておけば、状況の変化にうまく対応できるようになります。

これからは、クロダースコーポレーションを使ってこれらの分析の意思決定プロセスを見ていきます。現在の状態と代表的な顧客セグメントの要件をはっきりと描くために、クロダースコーポレーションにはデータ組織と成熟度に関して多重人格になってもらっていることに注意してください。つまり、白紙状態からのスタート、オンプレミスのデータレイクまたはデータウェアハウスからクラウドへの移行、既存のクラウドデータレイクの改良の3つのグループに合わせて意思決定のフレームワークの各フェーズを見ていくということです。

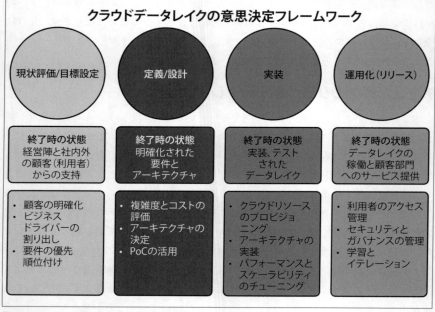

図7-2　クラウドデータレイクの意思決定フレームワーク

クロダースコーポレーションの役柄

クロダースコーポレーションは、傘、雨具の小売店への出荷、ウェブサイトを使った直販を手掛ける企業です。ウェブサイトは運用データベースを使っています。クロダースは事業の拡張、成長を促進させるためにクラウドデータレイクアーキテクチャに投資しようと考えています。このような会社のニーズに応えるために、データプラットフォームチームがクラウドデータレイク上のシステムを設計、構築、リリース、運用しようとしています。このデータプラットフォームの顧客は、データから製品や事業についてのインサイトをつかもうと考えている社内のさまざまな部門です。

7.3　意思決定フレームワークフェーズ1：現状評価/目標設定

　このフェーズでは、アーキテクチャと実装の原動力となるクラウドデータレイクの要件とその中での優先順位を決めます。まず、データプラットフォームチームは、顧

客の要件とビジネスドライバーの2つに基づいてシステムの要件を見極めていかなければなりません。

7.3.1　顧客の要件の理解

　顧客は誰で、彼らが現在抱えていてデータレイクの導入によって解決できるペインポイントは何かを明らかにします。そのために効果的なのが顧客との面談です。面談を通じて、顧客が何を目指しており、何がその目標達成を阻んでいるかを把握するのです。あなたが作るデータレイクの顧客になるのは、データから利益が得られるあらゆる人々です。それは、会社の顧客であなたのシステムを使う人々か、社内の別の部門やチームです。データを利用して利益を得る方法は多岐にわたります。一例を示すなら、データを使って業務効率を引き上げる、新戦略の立案に集中するために役立つパターンやインサイトを明らかにする、顧客へのインサイトの提供という新しい収益チャンスを生み出すといったものです。たとえば、クロダースコーポレーションのデータレイクの顧客としては、社内の営業、販促部門やクロダースから雨具を買う卸売業者などが考えられます。利益の例としては、リテーラーに製品需要を教え、効率的な在庫管理をサポートできるようにするとか、社内での新しい営業戦略や販促キャンペーンの立案に役立てるといったものが挙げられます。

　ここで大切なのは、顧客がテクノロジーにうとく、データレイクがどのように役立つかを理解できない場合があることを頭に入れておくことです。データが顧客のために役立つ場面を理解してもらうために、顧客が答えやすい形で質問を投げかけ、顧客が自分の問題や障害について考えることに集中できるようにしましょう。そのような問題や障害を明らかにするために役立つ質問の例を挙げておきます。

- あなたが仕事で目指しているのはどのようなことですか？ その目標の達成を阻害しているポイントは何ですか？
- あなたの顧客はどういう人々ですか？ 顧客ニーズを予測するためにどのようにしていますか？
- あなたの顧客が取り入れ、力を注ぎ、持っている情報について教えてください。あなたはその情報をどのように管理していますか？ そのような顧客の意図に対するあなたの投資の効果をどのようにして把握していますか？
- 販売個数や収益が思うように伸びないとき、何が原因か、どうすれば改善できるかをどのようにして導き出しますか？
- 競合他社からの差別化のためにどのようなことをしていますか？ 差別化戦略を

どのようにして立てていますか？
- 業務の中で非効率な部分はどこですか？ 今そのためにどのような対策を打っていますか？ どうすればそれを改善できますか？
- 現在のプロセスでボトルネックになっているのはどこですか？ クリティカルパスに含まれているのは何ですか？ それはビジネスと業務にどのように影響を与えていますか。

これらの質問は問題解決のためのよい出発点になるでしょう。あなたが直面している特定の問題に合わせてこれらの質問をカスタマイズしたり、これらを参考に新たな質問を考えたりすることもできます。もっとも重要な情報として捉えたいのは、顧客が十分に理解できていない問題がどこにあるか、また、よりよい視野や理解を得るために多大な労力を要する問題の根本原因や主要な問題領域が何であるかという点です。

7.3.2　改善チャンスの理解

これはクラウドかオンプレミスかを問わず、すでにデータプラットフォームやデータウェアハウスを導入している顧客に主として当てはまることです。新しく0からクラウドデータレイクを構築しようとしている方は、ここを飛ばして「7.3.3　ビジネスドライバーを把握する」に進んでかまいません。

前節で説明したように、最初の一歩は、データレイクの顧客を理解することと、社内のデータプラットフォームチームが現在抱えるペインポイントを理解することです。この節で考えたいのは、現在のデータプラットフォームが抱えている問題の中でクラウドデータレイクの導入によって解決できるものを理解し、優先的に扱おうということです。

たとえば、クロダースコーポレーションの営業チームは、毎日実施される経営陣へのブリーフィングと売上予測、売上目標の策定のためにデータプラットフォームチームが作ったダッシュボードを使っています。しかし、ピークの季節や負荷が高くなったときにダッシュボードの更新が処理できず、ブリーフィングが実施できなくなることが1度ならずあり、そのために営業チームからの信用がなくなっています。また、こういったエスカレーションや顧客が抱える問題に対処するために、データプラットフォームチームが抱える負荷も重くなっています。同様に、販促チームもソーシャルメディアでターゲット広告を打ったり、トレンドを分析したりしなければなりませんが、現状のツール、プラットフォーム、データアナリストはそれに対応できていませ

し、販促チームのデータサイエンティストはデータレイクのデータを直接操作するツールを使い、営業チームのビジネスアナリストはデータウェアハウスのデータとダッシュボードを使うという方法があります。しかし、最初はモダンデータウェアハウスでスタートしても、最終的にはデータウェアハウス分析をデータレイク上で直接実行するようにして、レイクハウスアーキテクチャに発展させるという方法もあります。

アーキテクチャは発展の過程で組み合わせられる

クラウドデータレイクのアーキテクチャは相互排他的ではなく、1つのアーキテクチャを基礎として別のアーキテクチャを結合していくことができます。たとえば、私が今までに関わってきた顧客の大半は既存のデータウェアハウスを持っていました。そういった事例の大半では、最初のステップとしてクラウドデータレイクを導入しました。クラウドデータレイクは、コスト削減に役立ち（過去データの格納により）、機械学習などの新しい分析をサポートします。第2ステップでは、既存のデータレイクの上に結合する形で、モダンデータウェアハウスまたはレイクハウスにデータウェアハウスを移植します。企業の成長とともにサポートする分析のバラエティが広がっていきますが、既存のアーキテクチャをベースにデータメッシュを組み立てることもできます。

複数のクラウドプロバイダにまたがるアーキテクチャが可能

クラウドデータアーキテクチャは、1種類のコンポーネントしか許さないユニラテラル（一極的）な実装を強制せず、マルチクラウド、ハイブリッドクラウドアーキテクチャを実現できます。たとえば、オンプレミスのアーキテクチャを持つ企業のデータアナリストは無理やりにでもオンプレミスのデータウェアハウスを使わなければなりません。しかし、クラウドに移行すれば、データアナリストがクラウドデータレイクでデータサイエンスの分析を始められるようになる一方で、ビジネスアナリストは引き続きオンプレミスシステムを使うというハイブリッドアーキテクチャが可能になります。

まとめると、何を作りたいかによって選べるアーキテクチャが制約されることはありません。アーキテクチャは顧客とビジネスのニーズに基づいて選択でき、実際の実装では柔軟性が確保されます。

7.4.1.2　クラウドプロバイダの選択

　アーキテクチャを選択したら、次はクラウドプロバイダの選択です。プライ
ベートクラウドプロバイダやハイブリッドクラウド製品も多数ありますが、こ
こではもっとも一般的で広く選ばれているパブリッククラウドプロバイダだ
けを取り上げることにします。データレイクサービスでもっとも広く使われ
ているクラウドプロバイダは、AWS Lake Formation（https://oreil.ly/-5Kz-）
（Amazon S3〔https://oreil.ly/XmNp3〕を利用）、Azure Data Lake Storage（https:
//azure.microsoft.com/ja-jp/products/storage/data-lake-storage）、Google Cloud
のデータレイクサービス（https://oreil.ly/SF6m3）（Google Cloud Storage〔https:
//oreil.ly/KgwbH〕と BigQuery〔https://oreil.ly/MBJWs〕から構成）です。AWS、
Azure、Google Cloud といったパブリッククラウドプロバイダは、スケーラビリティ
が非常に高い独自の分散クラウドデータレイクストレージソリューションとクラウド
ネイティブなインポート、オーケストレーションサービス、Hadoop や Spark のよう
なオープンソースと互換性を持つマネージドデータ処理サービスを提供しています。
これらのパブリッククラウドサービスは、ユーザビリティ（使いやすさ）、価格、そ
の他のデータ関連機能などで健全な競争関係にあり、クラウドデータレイクの顧客に
内容豊かなサービスを提供しています。

　あなたの会社に合ったクラウドサービスプロバイダを選ぶためには、次のようなこ
とを検討する必要があります。

ソリューションのコスト
　　あなたのクラウドデータレイクアーキテクチャを構築するために必要なクラウ
　　ドサービスを明らかにし、ソリューションにかかる費用が予算内に収まること
　　を確認しましょう。

クラウドサービスの機能
　　クラウドサービスプロバイダが提供する機能に大きな差はありませんが、
　　それでも独特の特徴を持つ機能がいくつかあります。たとえば、AWS Lake
　　Formation はクラウドデータレイクを立ち上げオーケストレートするための単
　　純化されたインターフェイスを持っています。Azure Data Lake Storage は、
　　NFS（Network File System）ver.3 を含む複数のプロトコルをサポートし、正
　　真正銘のサイロなしデータストアを提供しています。

ほかのクラウドサービスとのインテグレーション

すでに特定のクラウドプロバイダを使ったシステムがあるなら、それはクラウドデータレイク実装の最高の出発点になります。現在のクラウドシステムをデータサービスに拡張するのです。たとえば、クラウド上で実行しているウェブアプリケーションがすでにあるなら、そのウェブアプリケーションのログやクリックストリームデータをインポートすることにより、顧客ダッシュボードを作るとかウェブアプリケーションにパーソナライズ機能を追加するといった分析を実現できます。よく知っているシステムの拡張ですから、クラウドデータレイク導入のよい出発点になります。

クラウドプロバイダが提供している機能の評価方法としてもっとも優れているのは、分析のPoCの実装です。こうすると、ニーズにもっとも合うものがどれか、ソリューションにかかるコストがどれだけかを知る手がかりが得られます。概念実証は、顧客のニーズがもっとも高いもので実施しましょう。たとえば、クロダースコーポレーションは、優先順位が特に高い次の2つで概念実証をしようとしています。

- リフレッシュに時間がかかり、経営陣向けのブリーフィングが実施できなくなることがある営業ダッシュボード
- 販促チームがソーシャルメディアキャンペーンの最良のターゲットを絞り込むためのトレンド分析

クロダースが3つのクラウドプロバイダで概念実証を実施したところ、クラウドデータレイクをもっとも単純に実装できたのはAWS Lake Formationでした。それに対し、Azure Data Lake Storageはかかるコストがもっとも低く、NFS v3サポートのおかげでオンプレミスシステムとの相互運用ができました。Google BigQueryは、AWS、Azureのデータウェアハウスソリューションよりもスケーラビリティが高く、構造化、非構造化データの両方でパフォーマンスが最高でした。

7.4.1.3　オンプレミスからの移行の場合の判断ポイント

オンプレミスインフラをクラウドデータレイクアーキテクチャに移植したい場合にはその方法にいくつかの選択肢がありますが、それらは大きく次の3つに分類されます。

リフトアンドシフト（lift and shift）

既存の設計を変えずにホストをクラウドに変更するというものです。この方法の利点は、コードやコンポーネントのリファクタリングが最小限に抑えられるため、早くクラウドに移行できることです。AWS、Azure、Google Cloud を始めとする大半のパブリッククラウドプロバイダは、もっとも一般的なリフトアンドシフトのためのプログラム、オートメーションを提供しています。しかし、この方法には、クラウドのネイティブ機能を利用せず、分離されたアーキテクチャというクラウドの重要なセールスポイントを捨ててしまうという欠点があります。この分析では、IaaS を使い、クラウドにオンプレミスのアーキテクチャをレプリケートすることになるでしょう。

リプラットフォームと改良（replat and improve）

既存のアーキテクチャと高水準設計はそのままにしますが、クラウドで向上するスケーラビリティ、信頼性、オートメーションを導入するもので、単に**リプラットフォーム**とも言います。たとえば、この機会に長い間後回しにしてきた技術的負債に対処したり、ネイティブフェイルオーバーの構築などのパブリッククラウドが提供している信頼性向上機能を利用したりといったことです。

総取り替え（rip and replace）

0 から設計を見直し、クラウドネイティブになるようにアプリケーションのアーキテクチャを作り直し、リファクタリングするというものです。実質的にソリューションを 0 から新たに作るのと同じになります。実装には時間がかかりますが、クラウドが提供するメリットを最大限に利用できます。この分析では、データレイクソリューションを構築するために、クラウドプロバイダが提供するさまざまな PaaS、IaaS 製品を活用できます。

7.4.2　クラウドデータレイクプロジェクトの成果物のプラン

クラウドデータレイクの成果物のプラン立案作業は、3つのステージに分割されます。

未加工データのデータレイクへのインポート

はじめにデータレイクへのデータのインポートを行います。データをインポートするためのスケジューリングされたオーケストレーションジョブをセットアップします。データセットとインポートの頻度の一覧を作り、それに基づい

てクラウドデータレイクへのインポートを実行できるようにします。たとえ
ば、クロダースコーポレーションで特に大きいペインポイントは営業ダッシュ
ボードのパフォーマンスと販促部門用のデータサイエンス分析です。クロダー
スはオンプレミスの運用データベースからの売上データのインポートを優先さ
せて毎日実行し、ソーシャルメディアフィードのクラウドデータレイクへのイ
ンポートはアナリティクスが探索的なものなので週に１度実行することにしま
す。また、重複除去とバリデーションエラーの修正によるデータセットの準備
処理も行います。さらに、Apache Parquetなどのデータ形式への変換も行い、
データ形式を最適化します。

高価値データ生成処理

次に、未加工データセットから分析に適した高価値のキュレーション済みデー
タセットを生み出すデータ処理を行います。たとえば、クロダースコーポレー
ションは、営業ダッシュボードを作るために必要なデータ処理と販促キャン
ペーンで必要なソーシャルメディアトレンドのデータ処理の計画を立てます。
クロダースはこれら両方のデータ処理でApache Sparkを使い、**5章**で説明した
さまざまなテクニックを駆使して準備処理のパフォーマンスを最適化します。

ほかのシステムとのインテグレーション

最後に、クラウドデータウェアハウスなどのほかのシステムやそれ以外のアプ
リケーションとこれら高価値処理のインテグレーションを行います。インテグ
レーションの対象はほかのクラウドサービスやオンプレミスシステムで実行さ
れているアプリケーションです。

システム設計とプロジェクト計画の初期バージョンが完成したら、フェーズ１で完
成させた優先順位付き要件リストを取り出し、設計とタイムラインが要件を満たして
いることを確認しましょう。要件を満たしていない場合には、設計と実装を適宜見直
します。作業の過程で新たな顧客やビジネス要件を見つけることがあるかもしれませ
ん。そのような場合には、新たな発見に基づくフェーズ１のチューニングとして、優
先順位の見直しをします。フェーズ２終了の段階では、アーキテクチャと設計が少な
くとも１、２年は変更不要になる程度まで、優先順位付き要件リストに自信を持てるよ
うにしましょう。

顧客とビジネスリーダーの積極的な関与

私の経験に基づくベストプラクティスとして、フェーズ1とフェーズ2の成果物は顧客やビジネスリーダーに見せて彼らからのインプットやフィードバックをもらうようにすることをお勧めします。彼らにとって大切なことに力点をおいて説明するようにするのです。たとえば、「2002年5月までにインポートの部分を完成させます」と言うのではなく、「2022年5月までにクラウドデータレイクストレージに営業データセットが入るようにします。この帳票でデータプラットフォームチームに請求していただければ、このデータセットにアクセスできるようになります」というような形で説明するようにしましょう。また、マイルストーンの合間という早い段階で顧客の一部に成果物の評価に参加してもらうことも大切です。参加してもらうべき人は、データレイクのテストに意欲的な人とリスクや予想外の事態を招きやすい難しい要件を突きつけてきた人の2タイプです。これら2タイプの人々を適切に選べば、早い段階で成果物のリスクを取り除くために役立ちます。

7.5　意思決定フレームワークフェーズ3：実装

　フェーズ2を完了すると、アーキテクチャと設計が完成し、プロジェクトの最終的な計画と範囲が明確になっているはずです。フェーズ3はもっとも肝心な部分で、タイムラインに従ってシステムを作っていきます。実装フェーズで予想外の事態や大きな変更が起きず、スムーズに仕事が進めば、フェーズ1とフェーズ2に自信を持ってよいというバロメーターになります。とは言え、新しい段階での発見に基づいて計画を細かくチューニングできる程度の適応力は維持しておいてください。

　フェーズ3では、約束通りに顧客に成果物を提供できるように仕事を進めることに加え、成長し、スケールアップするクラウドデータレイクを管理するための基礎をしっかりと確立することを考えることが何よりも大切になります。クラウドデータレイクで考慮すべき設計要素については、**3章**で詳しく説明しました。重点を置くべき3つの主要分野をここで復習してきましょう。

データの整理

　データは未加工の状態でインポートされ、クレンジング、準備処理を受け、さらに集計やフィルタリングといったキュレーションを受けて、高価値の密度の高いデータになって活用されるというライフサイクルをたどります。さらに、顧客（利用者）の中でも、データサイエンティストのような人々は、分析のた

めに独自データセットを追加しようとします。誰がどのようにしてデータにアクセスするかに基づいて、データレイクにデータ整理のメカニズムを組み込み、データ保持期間などの管理方針を確立することが大切です。

データガバナンス

データガバナンスの究極の目的は、データに対する信頼構築です。データに基づいて死活的に重要なビジネス判断が下されることを考えれば、データの信頼性はきわめて重要です。データレイクのデータ利用が浸透、拡大してきたら、データガバナンスは次の要件を満たさなければなりません。

- データオフィサーが定義したコンプライアンスのポリシー、要件を満たすデータレイクにする。
- データプロデューサーが作ったデータセットをデータコンシューマーが見つけて活用できるようにする。
- データプラットフォームチームがデータプロデューサー/コンシューマー、データオフィサーに対してデータの品質を保証できるようにして、データに対する信頼を獲得する。

データレイクのコスト管理

クラウドデータレイクアーキテクチャの特徴として特に大きな意味を持つのは、従来よりも低コストでデータをめぐるさまざまなユースケースをサポートすることです。しかし、コスト削減は、アーキテクチャと実装がクラウドデータレイクの特性を意識して設計されていなければ実現しません。

あなたのクラウドデータレイク実装でこれら3つの重点項目を実現するためのリファレンスとして3章を活用することをお勧めします。これらにどれだけの投資をするかは、あなたの会社の成熟度と今後2年間に予想される成長の規模によって大きく左右されます。データレイクの規模の大小により行うべきことの目安をまとめると、表7-1のようになります。

表7-1　データレイクの規模に基づくクラウドデータレイク実装の注意点

設計要素	参考になる本書の節	小規模なデータレイク（基本的にデータプラットフォームチームがエンドツーエンドで管理している）	大規模データレイク（データプラットフォームチームだけでは手に負えない規模になっているか、管理しきれないほど多様なユースケースを備えている）
データの整理	「3.2 データレイクのデータの整理」	ストレージ整理のメカニズムを使ってクラウドデータストレージをゾーンに分けて整理する。	クラウドデータレイクストレージをゾーンに分けて整理する。また、探索的データ利用から必須のデータパイプラインを分割するようにコンピューティングクラスターを構成する。
データガバナンス：データの分類	「3.3.2 データの分類」	手作業か部分的な自動化で十分。自動分類の計画を立てておく。	データ分類の自動化が絶対に必要。手作業や部分的な自動化では、大規模なデータレイクに対応できない。
データガバナンス：データディスカバリー	「3.3.3 メタデータ管理、データカタログ、データ共有」	高価すぎないメタストア、メタカタログ製品にメタデータを書き込む。データセットを他社と共有する場合は、データ共有が役立つ。	データプロデューサーが使えるセルフサービスのデータカタログを導入する。セルフサービスにすると、データ共有に大きな効果がある。
データガバナンス：データのアクセス管理	「3.3.4 データのアクセス管理」	ストレージ、コンピューティング、ネットワークレベルのアクセスポリシーを設ける。データアクセスポリシーツールがあれば効果的だがどうしても必要というわけではない。	データチームの負荷を削減するために、クロスコンポーネントレベルのデータアクセスツールは必ず導入する。コンプライアンスの要件を満たすためにデータ分類ごとに複雑なポリシーを設ける。場合によっては、コンピューティング、ストレージ、ネットワークレベルでアクセスできる人々を最小限に絞り込み、エンドツーエンドのデータ管理のためにデータアクセスポリシーを活用してもよい。
データガバナンス：データの品質とオブザーバビリティ	「3.3.5 データの品質とオブザーバビリティ」	特に重要なデータセットとジョブに対してSLAとSLOを定義する。モニタリングは最初は部分的な自動化でよい。	データの品質管理、オブザーバビリティシステムを導入し、データレイクで実行される多様なユースケースにスケーリングできるようにする。
データレイクのコスト管理	「3.4 データレイクのコスト管理」	支出が意外な高額になるのを防ぐために、クラウドデータレイクの請求書の各行を理解できるようにする。データレイクストレージのコストを抑えるために、データ保持期間ポリシーを設け、ストレージのティアを活用する。	小規模データレイクの欄に書かれていることに加え、高額支出を防ぐために、全部門で活用のクォータを設定する。

　フェーズ3の目標は、機能を完全に揃えて予定通りにローンチするとともに、データプラットフォームチームがデータレイクを円滑に運用する準備を整えることです。

7.6　意思決定フレームワークフェーズ4：運用化

　ウェブサイト、モバイルアプリ、本格的なアプリケーションの違いにかかわらず、ソフトウェアを構築、リリースするときにもっとも重要なのはコードであり、要件や機能の変更はどのようなものであってもコードの書き換えによって実現できます。しかし、データプラットフォームの場合、コード、データ、構成/設定の変更によって利用パターンを変えられます。

　データレイクを運用に移すと、次の作業が発生します。

新しい要件や変更リクエストの管理

　データレイクで実行されるユースケースが増えることは確実であり、新しい要求を受け取るのは時間の問題です。フェーズ1と同じような手順で要求を選別、デバッグします。

トラブルシューティングとデバッグ

　ソフトウェアプロダクトの場合と同様に、インシデント管理のプロセスとワークフローを整備しておきましょう。ソフトウェアシステムと同じようにデータプラットフォームでもオンコールサポートを設けるのはベストプラクティスの1つだと言えます。データプラットフォームに対して設定したSLA、SLO、SLIは、顧客が抱える問題に対する関与の優先順位を決める上できわめて重要な役割を果たします。さまざまなインシデントとその根本原因の記録を残して技術的負債がある領域を把握し、それらに系統的に対処することも大切です。パフォーマンスチューニングやスケーラビリティのボトルネックの特定にも取り組みましょう。クラウドデータレイクのスケーラビリティとパフォーマンスのチューニングについては、それぞれ**4章**と**5章**で詳しく説明しましたので参照してください。

7.7　まとめ

　本書の最初の6章では、クラウドデータレイクソリューションの設計、構築、実装のさまざまな側面を取り上げてきましたが、この章では、そのようにして学んできたことを1つにまとめ、クラウドデータレイクソリューションを構築して運用に移すまでにそれらの知識をどのように活用していくかを示しました。そしてそのために現状評価/目標設定、設計/定義、実装、運用化の4フェーズのフレームワークを導入しました。このフレームワークはそのまま使っても、みなさんの状況に合わせてカスタマイズしても役に立つはずです。私が強くお勧めしたいのは、時間を割いてビジネスと顧客の要件を評価し、その結果に基づいて設計と実装を進めることです。早い段階でデューデリジェンス（投資効果の評価）をしておけば、作業が円滑に進みます。最後になりましたが、すべてのフェーズで新しい発見があることを想定しておきましょう。そのような場合には、前のフェーズの結論に戻り、適切に調整することが大切です。

8章
データに基づいて
意思決定や戦略を形成する
アプローチのための6つの手段

小さな明日が昨日のあれこれすべてを埋め合わせられるのは圧倒的にすばらしいことだ。
── ジョン・グアーレ

　クラウドデータレイクアーキテクチャに期待が集まっているのは、分析の結果から得られるものに無限の可能性があるからです。今までの章では、Spark や Hadoop といったテクノロジーによるデータ処理という現在もっとも一般的な利用形態だけを取り上げてきましたが、リアルタイムデータからすばやくインサイトを生み出すリアルタイムストリーミング処理やデータレイクをベースとしてスマートアプリケーションを構築する高度なアナリティクスも急速に普及してきています。今までの章で取り上げてきたすべてのコンセプトやフレームワークには、クラウドデータレイクの設計、実装のあらゆる分岐点で複数の選択肢があり、どの選択肢にもコスト、複雑度、柔軟性のトレードオフがあるという共通点があります。クラウドデータレイクを設計するときには、これらの選択肢のどれかを選ばなければなりませんが、そのときに次のような疑問を持つのは当然のことでしょう。

- 自分が正しい選択をしたことはどうすればわかるのか？
- 会社が成長し、データレイクの上で実行される分析が増えていく過程で、システムの修正、改造をどのように進めていけばよいのか？
- 会社が次の要件を拾い上げ、それに対処する機動性を確保するためにはどうすればよいか？
- 大局的な戦略を持ち、会社のニーズを先取りするためにはどうすればよい

のか？

　この章では、あなたの会社でデータの価値を現実化するための技術的、文化的、組織的な判断を下すときにどのような考え方を取るべきかを講座形式で示していきます。

8.1　第1講：クラウドデータの導入は「必要か？」や「なぜ？」ではなく「いつ？」、「どのようにして？」という問題だ

　2022年4月の時点で毎日インターネットを使っている人は約5億人であり、この数字は年4％の割合で増え続けています。ソーシャルメディアの出現、スマートフォン、COVID-19パンデミックによるリモートワークの普及により、データの増加は加速的に進みました。データから企業がインテリジェントな判断を下すための素地は十分にできあがっています。Moleculaが実施したState of Data Practice（データプラクティスの現状）研究（https://oreil.ly/ODOff）は、さまざまな業種の300人のデータエンジニアへのインタビューによるものですが、彼らの所属企業は圧倒的な割合でデータの価値を認めています。この調査によれば、回答者の96％が自分の所属企業ではデータが効果的に使われているとしており、70％がデータ戦略なしでは所属企業は廃業に追い込まれるとしています。

　この調査は、企業を操業、経営していくためにはデータが不可欠だということを示すだけでなく、データに投資しないことがリスクになることもはっきりと示しています。同じ調査で機械学習モデルを本番運用してから1年以上2年未満だとしている回答者はわずか22％であり、機械学習モデルを本番運用してから5年以上たっているとしている回答者は2％に過ぎません。この種の高度なアナリティクス分析の複雑さを考えれば、これは意外なことではありません。

　あなたの会社にとってこれはどのような意味を持っているでしょうか。今までに何度も示してきたように、会社のためにクラウドデータ戦略は必要不可欠だということです。クラウドデータレイクは本当に必要なのか、なぜ必要なのかという問題ではありません。ただし、会社のスキルセットや成熟度次第でどこまで進むかは選択の余地があります。

　私が強くお勧めしたいことがあるとすれば、それはクラウドデータレイクを導入し、あなたの会社で今役に立つと思うデータを集め、処理することを始めることです。

そのようなデータとは、データベースのバックアップ、ソーシャルメディアフィード、営業、販促ダッシュボードなどのLoBシステムのデータなどです。会社の現状を示すダッシュボードの生成のようなBI分析など、すぐに実装を始められる分析はすでにパターン化されています。繰り返しになりますが、この戦略ではクラウドに賭けることが重要な意味を持ちます。クラウドは新しいデータ戦略を立ち上げるためにすぐに使えるさまざまなサービスを提供していますし、システムの成長に合わせて柔軟に拡張できるインフラと柔軟な選択肢を提供してくれます。クラウドには、会社の現状についてのインサイトを得るというデータ戦略の第一歩を踏み出すために必要なものがあるのです。同時に、会社の要件と顧客のニーズ次第では、より高度な分析のプロトタイプ作成、実装まで進んでもよいでしょう。そうすれば、会社は正しい方向に組織的文化的トランスフォーメーションを進めていきます。顧客部門のやる気のある人を見つけて協力して作業を進めていきましょう。

　千里の道も一歩からと言います。その第一歩を踏み出したら、全速力で突っ走れるようになるのは時間の問題です。

8.2　第2講：偉大なる力には偉大なる責任がともなう ――データもその例外ではない

　データは会社に多様な分析とそれによる偉大な力をもたらしますが、倫理的なビジネス慣行に従い、顧客に公平、公正な体験を提供するために、すべてのデータの品質を高め、責任を持ってデータを管理することが大切です。

　具体例を使って考えてみましょう。データ戦略とクラウドデータレイクを整備したクロダースコーポレーションは、ソーシャルメディアトレンドと売上、顧客データの相関関係を調べて消費パターンをつかめるようになりました。ソーシャルメディアのキャンペーンや広告に反応してクロダースのウェブサイトで傘や雨具を買うのは、30歳から45歳までの人々が多いということがわかったのです。そこで、販促部門はこの年齢層の顧客に値引きをするというターゲットキャンペーンを企画しました。確かにこれは会社の収益増につながるでしょう。しかし、クロダースは知らず知らずのうちにこの年齢層に軸足を置き、それよりも上の年齢層を軽んじてしまいました。上の年齢層の人々がウェブサイトであまり買っていない一因は、ほかの年齢層ほどソーシャルメディアを使っていないことにあるのかもしれません。だとすると、この世代の軽視は会社にとってマイナスの影響をもたらす危険性があります。これは会社の長期的なビジネスにも影響を与えかねません。30歳から45歳までの人々の市場が飽和

してしまうと、クロダースは成長の手段を失ってしまいます。

　これは、データ戦略が不足している場合に起こり得る問題を示すために、私が考え出した例ですが非現実的なものではないと思います。追加治療が大きな効果を生む患者のセグメントを知るためにデータを活用しているオプタム（Optum）というヘルスケアサービス企業について、ワシントン・ポストに「医療アルゴリズムの人種的偏見のために病状の重い黒人の患者よりも白人の患者が優先される（Racial Bias in a Medical Algorithm Favors White Patients Over Sicker Black Patients）」（https://oreil.ly/OLwMO）という記事が掲載されました。同社のアルゴリズムが特定の人口セグメントに対するバイアスを持つデータセットのために、黒人患者の治療ニーズを軽視していたことが明らかになったということです。

　ガバナンス、セキュリティ、倫理性の面で適正なクラウドデータレイク戦略をスタートさせるためには、次のようなことを取り入れるとよいでしょう。

データのリスクを積極的に洗い出すために社内の専門家に参加してもらい、相談に乗ってもらう

企業には、ITとは別のところに規制対策の部門があるのが普通です。法務部門、コンプライアンス担当、その他規制対策の部門のことです。早い段階から彼らに参加してもらって、データに関するリスクやベストプラクティスをしっかりと学び、その知識をデータレイクの設計と実装に組み込みましょう。また、彼らにデータ戦略を精査してもらい、フィードバックを戦略に取り込みましょう。規制対策部門の人々がデータ関連のリスクやベストプラクティスをよく知らないなら、この分野の専門家や論文、記事を紹介し、適切なアドバイスを提供できるようになってもらいましょう。

顧客のプライバシーを尊重し、彼らに透明性を提供する

顧客データを集めるときには、何のためにどのデータを集めるかを顧客に明確に説明しましょう。また、顧客のプライバシーを尊重し、個人データは提供の同意を求めて集めるようにすべきです。データの収集、格納、処理は、プライバシーとコンプライアンスの法令に違反しないようにしなければなりません。そのような法令の例としては、EU一般データ保護規則（GDPR）、カリフォルニア州消費者プライバシー法（CCPA）などがあります。対応が必要な法令の完全なリストは、社内の専門家に問い合わせましょう。データ処理の一部として個人識別情報（PII）を取り除くことも重要です。何らかの理由でPIIを格

納する場合には、顧客のプライバシーとセキュリティを保護するために明示的
に同意を求めるようにしましょう。

不公平、不平等な結果を予測、特定し、避ける

データ資産が増え、高度な機械学習テクニックの活用が進むと、先ほどのオプ
タム社の事例のようにアルゴリズムが不公平、不平等な結果を生み出している
ことがわかりにくくなります。そしてソフトウェアにはバグがつきものです。
そのようなバグが顧客に不愉快、不公平な結果を生み出さないように特に注意
しましょう。個人データが絡んでいるときはなおさらです。データ戦略や要件
を定義するときには、専門家に参加してもらい、データに関連した公平性、倫
理性の要件を追加してもらいましょう。ソリューションでAIを使うときには
特にデータやアルゴリズムのバイアスが意図せぬ副作用を生み出すことがある
ので、倫理性と公平性に注意を払うことがさらに重要になります。AI Ethics
Global Perspectives（https://aiethicscourse.org）のような講座を利用すれ
ば、この分野に対する意識を高め、知識を広げられます。実装では、この要件
に高い優先順位を与えましょう。データを適切に取り扱うことは、顧客の企業
への信頼を築く上で不可欠です。

データ関連の問題に対しては攻めと守りの両方の枠組みを用意する

データレイク戦略のベストプラクティスを積極的に見つけ、組み込むことに加
えて、インシデントにすばやく反応できる体制を整えることも大切です。出荷
後のコードのサポート体制を設計するのと同じように、データ関連のインシデ
ントの影響を最小限に抑える防備、管理の体制を確立しましょう。データのオ
ブザーバビリティのために投資し、データのSLAとSLOを作って守られてい
るかどうかを監視しましょう。

　要するに、データ戦略とクラウドデータレイク実装では、責任を自覚し、倫理的で
公平な行動をとるということです。さらに、クラウドプロバイダやISVとも公平性の
確保について話をするようにしましょう。この分野を優先して大切に扱えば扱うほ
ど、実装、運用が円滑に進むようになります。

8.3　第3講：テクノロジーを主導するのは顧客であり、逆ではない

　ビッグデータとアナリティクスはITの中でも魅力的な分野です。問題は、この分野には限界がまったくなく、イノベーションの余地があり過ぎるほどあることです。Apache Software Foundation（https://projects.apache.org）には、ビッグデータテクノロジーのプロジェクトが56件もあります。私はデータカンファレンスに参加するたびに、ブース（オフライン、オンラインとも）を出しているベンダーの数が増えていることに驚いています。あなたやあなたの会社にとって大切なのは、特定のテクノロジーが約束する機能や効果といったものに惹きつけられ、あとになってそれがあなたの顧客やビジネスにとって本当に重要なものではなかったことに気づくというようなことにならないようにすることです。いつもあなたのビジネスや顧客のニーズをよく知り、それをもっとも大切に扱うところからスタートして、それに適したテクノロジーを選ぶようにしましょう。

　たとえば、クロダースコーポレーションは、クラウドデータレイクで実現すべき2つの重要な分析を突き止めています。経営陣にプレゼンテーションする営業ダッシュボードの強化とソーシャルメディアフィードを活用したターゲットキャンペーンの立案です。データプラットフォームチームを率いるアリスは、リアルタイムでソーシャルメディアフィードをストリーミングしてくれるサービスがあり、ソーシャルメディアの生きたトレンドを伝えてくれることを知っています。アリスにとってこれはとても魅力的なサービスですが、データサイエンティストや販促チームと話をした結果、リアルタイムでトレンドを知ることは彼らにとってそれほど重要なことではないことがわかっています。彼らが本当に望んでいるのは、数週間にわたるより長期のトレンドを分析して理解するために、毎日という周期でソーシャルメディアフィードを取り込むことなのです。リアルタイムストリーミングサービスはイノベーティブなテクノロジーですが、会社のビジネスニーズにとって喫緊のものではないので、アリスはすぐにこれを優先事項から外します。

　もっと実生活に密着した例も考えてみましょう。家具を買いたいときに、店に行って電動ノコギリやドリルを天才的に操れる職人さんを紹介してくれとは言わないでしょう。単純に勉強用の机やダイニングテーブルを見ようとするはずです（**図8-1**参照）。同様に、データレイクを導入しようというときには、「7.3　意思決定フレームワークフェーズ1：現状評価/目標設定」のように要件を考えるところから始めます。サービスであれサービスプロバイダであれテクノロジーを評価するときには、要

件を話題の中心に置き、コストと自分にとっての難易度に基づいて評価すべきです。テクノロジーは一過性で、少し時間がたつと時代遅れになる可能性があります。大切なのは、データレイクの上で実行する分析を長持ちさせることです。

図8-1　顧客の要件とテクノロジー

8.4　第4講：変化は避けられないので準備を怠らず

　「8.3　第3講：テクノロジーを主導するのは顧客であり、逆ではない」で学んだように顧客とビジネスの要件を最優先させるというなら、不可避である変化に対応できるようにしなければなりません。こう言ったからといって慌てないでください。変化と言っても朝令暮改のことではありません。**朝令暮改**は、物事がまだ流動的なうちから行動や計画をころころ変えることで、これは会社にとって有害であり、進歩を遅らせます。それに対し、**変化**は、要件が不可避的に移り変わることで、このような変化に対して準備をし、熟慮の上で乗り越えることが大切になります。

データレイクの場合、通常はストレージと処理パターンに変化はありません。変化は次のような形で現れます。

新しい要件のために新しいコンポーネントと処理、あるいは活用のパターンを追加する

たとえば、クロダースコーポレーションは、経営陣、ビジネスアナリストのための営業ダッシュボードとターゲットキャンペーンを企画する販促チーム、データサイエンティストのための探索的分析機能をサポートするためにモダンデータウェアアーキテクチャを実装しました。しかし、システムを運用するうちに、顧客がウェブサイトでショッピングしているときに製品レコメンデーションを表示するという新しい要件が明らかになりました。そこで、クロダースはレコメンデーションを提供するためにウェブサイトの顧客のクリックストリームデータを取り込むリアルタイム処理パイプラインを追加しました。

コスト削減かパフォーマンスの向上のために既存のアーキテクチャを最適化する

たとえば、クロダースコーポレーションは、営業ダッシュボードのためにデータレイクにデータベースのバックアップをインポートしていました。しかし、時間の経過とともに、バックアップデータが大きくなり、データレイクストレージのコストが高くなりました。また、地域、顧客セグメント、セールスパーソンごとに売上データを分析するというような共通パターンがあることもわかりました。そこで、これらのデータベースの形式をApache Icebergに変換するというデータストレージの最適化を実施しました。これにより圧縮率が高くなったためコストが削減され、データ形式が列指向形式になったためデータレイクデータに対するクエリのスピードが上がりました。

こういった変化の一部は追加という性質のものであり、既存のユースケースには影響を与えません。しかし、破壊的な変化というものもあります。そのような変化には、顧客の期待を裏切らず、新しいシステムに抵抗なく移行できるように、うまく対応しなければなりません。破壊的な変化を加えることになったら、既存の設計が提供してきた機能を必ずサポートし、顧客が新しい設計に慣れるための時間を十分に確保するようにしましょう。

8.5 第5講：顧客の感覚を理解するとともに手掛ける仕事には容赦なく優先順位をつけよう

　データとデータ戦略が企業にとって必要不可欠なのは事実です。しかし、データ自体はビジネス目標を達成したり顧客にインパクトを与えるための手段に過ぎないことも事実です。たとえば製造業では、データは予知保全やサプライチェーン最適化のようなきわめて重要なユースケースのために役立ちます。しかし、データプラットフォームの効果自体は、装置のエラー率の低下とか在庫の削減といったビジネスの用語によって評価されます。ですから、データプラットフォームチームが効率化に走り、自らの業務を最適化しようとしても非難される筋合いはないと言ってよいのではないでしょうか。私の経験から言っても、多くのデータプラットフォームチームは、与えられた時間ではとてもこなせないような要求が集まるリーンな組織に抑え込まれています。

　そこで、データプラットフォームチームが成功をつかむためには、顧客ニーズの拡大に対応してリーンチームが確実にスケールアップされるようにすることが大切になります。それと同時に、仕事のあらゆる側面で顧客の感じ方に配慮を示さなければなりません。あなたはデータの専門家です。顧客たちの専門能力はほかの分野にあり、彼らにデータの専門能力は求められていません。仕事を選ぶときには、シームレスで完璧な顧客体験を実現することを優先しましょう。生焼けのまずいソリューションを安易に提供してしくじるのではなく、要求をしっかりと理解し、遅いと言われてもしっかりと構築しましょう。

　クロダースコーポレーションには、営業、販促、雨具製造チームのほか、最近買収した冬季製品部門にサービスを提供するデータプラットフォームチームがあります。このような社内の状況を踏まえてデータプラットフォームチームはデータメッシュアーキテクチャを採用することとし、これらの顧客部門にセルフサービスモデルで実装できるデータレイクドメインの青写真的な見取り図を配布しました。見取り図にはデータレイクのために必要なクラウドリソースをプロビジョニングするためのテンプレートが含まれており、クラウドサービス自体は顧客部門が選べるようになっています。しかし、営業、販促、雨具製造チームには、データレイクだけを選べばよいのか、データレイクとデータウェアハウスの両方を選ばなければならないのかがわかるような情報が与えられていませんでした。そこで、営業、販促チームはデータプラットフォームチームに質問をしてきましたが、雨具製造チームは実際にはサプライチェーンの在庫を知るためのデータウェアハウスが必要なのに独断でデータレイクのみを選

択してしまいました。おかげで顧客部門は不満を持ち、データプラットフォームチームは顧客部門からの質問や問題の発生に対応しなければならなくなって自分にかかる負荷を増やしてしまいました。

　データプラットフォームチームには別の選択肢があったはずです。さしあたり他の顧客部門のニーズは後回しにして、営業、販促チームのニーズを実装し、その経験で学んだことに基づいて各部門がデータメッシュによるセルフサービスアーキテクチャに対応できるかどうかを評価するということです。セルフサービスを大きく打ち出すのは、大丈夫だという評価をしてからでよかったのです。

　要するに、あとで顧客に不満を持たれるよりも最初に顧客の期待を抑制する方がよいということです。あなたの優先順位を透明かつ明確にし、実際に顧客の要望に対応できるようになってから、期待値を示すのがよいと思います。

8.6　第6講：ローマは1日にしてならず

　最後に、これはどちらかというと人生訓と言うべきものですが、データレイクアーキテクチャにも当てはまるということです。最高の偉業の背後には小さな一歩と学びと失敗の積み重ねがあります。クラウドデータレイクアーキテクチャは大きな効果を約束しますが、正しく活用するためには多くの学びと試行錯誤の繰り返しが必要です。たとえば、Apache Iceberg（https://iceberg.apache.org）は今日のレイクハウスパターンをサポートする超有名なオープンソーステクノロジーですが、Netflixで開発が始まった当初は、当時のAmazon S3オブジェクトストレージの欠点を克服するささやかな存在に過ぎませんでした。Netflixの開発チームは、データが自社に与える大きな力を信じ、コストの低いオブジェクトストレージ上で強い補償を持つ高品質データを提供するために熟慮を重ねてApache Icebergを実装しました。そこから先は「6.3　Apache Iceberg」に記載の通り、誰もが知っていることです。

　顧客の仕事を大きく変えることを目的としてプランを立て、作業の進行とともに学びつつ、細かくチューニングしていくことを当然のこととして実現させましょう。顧客に与えるインパクトに基づいて方向を選択し、学びを拒まない姿勢を保ちながら、実装では一貫性を保つのです。特に、あるテクノロジーのアーリーアダプターである場合は、そのテクノロジーのプロバイダの開発作業を手助けすることができ、その見返りに十分なサポートを受けられます。同様に、あなたの顧客の中からやる気のあるアーリーアダプターを見つけ、共同開発を提案しましょう。そして成功をともに祝福し、成果を人々と分かち合うのです。

8.7　まとめ

　本書の締めくくり方については担当編集者の方とブレインストーミングを繰り返した結果、データレイクへの道のりをどこまで進んだかにかかわらず当てはまる6つの教訓を並べることにしました。まず何よりも、この道を選んだあなたを大いに称賛したいと思います。あなたはすでにビジネスにイノベーションを起こす道を進んでいるのだということを忘れないでください。結果が目に見えるものになるのは時間の問題です。未来はデータの先にあり、こうしている間にもその未来を生み出しつつある場所がクラウドです。未来はクラウドデータレイクに賭けている私たち全員が作っていくのです。

　テクノロジーとクラウド製品は時間とともに急速に発展してきており、その変化の大きさには圧倒されるほどです。私はいつもプロジェクトにとって何が大切でそれがなぜなのかという基本的な考え方からスタートさせます。本書では、実際に使っているテクノロジーがどれかにかかわらず役立つ基本的なフレームワークを構築しました。さまざまなテクノロジーの頂点に立つために、データベンダーやパブリッククラウドプロバイダが集まるカンファレンスに参加してトレンドを把握しておくことをお勧めします。ポッドキャストやYouTubeにも、さまざまなテクノロジーについての資料が豊富に置かれています。特に、テクノロジーの開発者のセッションだけでなく、テクノロジーの顧客企業がどのような問題を解決したかについて説明するセッションを見ることをお勧めします。そういうものを見るとすばらしいアイデアが手に入ります。Data + AI Summit（https://oreil.ly/AN7zr）は私のお気に入りのカンファレンスの1つであり、セッションはオンデマンドで見られるようになっています。

　本書もついに締めくくりのときを迎えました。偉大な聴衆たるみなさんに心から感謝の言葉を捧げたいと思います。クラウドデータレイクの導入により、みなさんが何を達成できたかをぜひ教えてください。経験を披露したり質問をしたり自分にとってよい選択はどれかをブレインストーミングしたりしたいという方は、どうぞご連絡ください。私のTwitter（X）のアカウントは@RukmaniGopalan（https://mobile.twitter.com/rukmanigopalan）、LinkedInのアカウントは https://www.linkedin.com/in/rukmanig です。みなさんとお話しするのを楽しみにしています。

付録A
クラウドデータレイク
意思決定フレームワークの
テンプレート

　この付録では、クライアントデータレイクソリューションのプランを立てるときに使えるテンプレートを提供します。シナリオや顧客のニーズに基づいて自由にカスタマイズしてかまいません。クラウドデータレイクの設計が長持ちし、根本的なところから作り直さなければならなくなることがないようにするために、少なくとも1、2年先までを見込んだプランを立てることをお勧めします。

A.1　フェーズ1：現状評価/目標設定

正確度、完全度の目標：60％から70％

　このフェーズの目的は、アーキテクチャと実装で意思決定するときのよりどころとして、クラウドデータレイクの要件を定義し、優先順位をつけることです。このフェーズでは、データプラットフォームチームは顧客の要件とビジネスドライバーの2つの注目点に基づいて要件を拾い出します。このフェーズでデューデリジェンス（投資効果の評価）をすることを強くお勧めします。そうすれば、その後のフェーズの立案と遂行を円滑に進められるようになります。

図A-1を使ってステークホルダーとの面談でわかったことを記録しましょう。

顧客	問題	問題の深刻度	データレイクの有効度	クラウドデータレイクがどのように役立つのか
		高 / 中 / 低	高 / 中 / 低	
		高 / 中 / 低	高 / 中 / 低	
		高 / 中 / 低	高 / 中 / 低	

図A-1 顧客が抱えている問題と要件のリスト

要件が明らかになったら、ビジネスドライバーに基づいて優先順位をつけます。**図A-2**を使って、クラウドデータレイクの要件の優先順位を決めていきましょう。

優先度	要件
高 / 中 / 低	
高 / 中 / 低	
高 / 中 / 低	

図A-2 クラウドデータレイクの要件の優先順位付け

次はフェーズ2です。